认识更好的大坝
看见更好的世界

中国大坝工程学会
水库大坝公众认知专委会　编

中国三峡出版社

图书在版编目（CIP）数据

认识更好的大坝　看见更好的世界 / 中国大坝工程
学会水库大坝公众认知专委会编 . -- 北京 : 中国三峡出
版社，2025. 6. -- ISBN 978-7-5206-0349-2

Ⅰ . TV698.2

中国国家版本馆 CIP 数据核字第 2025T79N74 号

责任编辑：任景辉

中国三峡出版社出版发行

（北京市通州区粮市街 2 号院 5 号楼　101199）

电话：（010）59401531　59401529

http://media.ctg.com.cn

北京世纪恒宇印刷有限公司印刷　新华书店经销

2025 年 5 月第 1 版　2025 年 5 月第 1 次印刷

开本：787 毫米 ×1092 毫米　1/16　印张：17.5

字数：233 千字

ISBN 978-7-5206-0349-2　定价：120.00 元

前　言

增进公众科学认知　推动行业健康发展

　　水是生命之源，是人类文明的摇篮。逐水而居、利用水力资源是人类社会孜孜不倦的永恒追求。人水和谐、人与自然和谐共生为人类现代化道路提供了可持续发展的新选择。

　　水资源利用、水生态保护、水安全保障等对国家政治、经济、社会、科技发展、环境保护、公共健康与国家安全等具有重要影响。相应的水利水电工程投资规模大、复杂性高、建设周期长、涉及利益相关方广泛，且公共产品属性强，但可感知程度不高，全社会公众认知与认同有待加强。对水库大坝领域而言，形象大坝建设与实体大坝建设同等重要。客观、公正、专业、负责的公众传播与品牌沟通，应当成为水库大坝建设、运营活动的重要组成部分。

　　中国大坝工程学会水库大坝公众认知专委会（以下简称"专委会"）自成立以来，参照国际大坝委员会的工作机制，连续举办了五届公众认知学术论坛，将行业内的专业议题打造成社会热点话题，为专家学者和媒体记者搭建专门的公众沟通平台，进一步增强社会公众对水库大坝的科学认知，营造水利水电行业良好的舆论氛围和社会环境。对于水利水电行业公众舆论场中存在的不稳定、不理性因素和敏感性话题，专委会积极开展正面引导，通过学术研讨、大坝实地走访、国际交流、媒体传播等工作，提高公众理性科学的认知水平，促进水利水电行业更好地服务经济社会发展、服务长期可持续发展。

近年来，专委会先后在西安、长沙、郑州、昆明、宜昌组织举办"水库大坝公众认知论坛"，在贵阳举办了"看见中国·坝光盛影"——中国大坝主题摄影艺术展，开展"中国大坝行"主题活动，邀请著名院士专家学者考察三峡大坝，开展一系列国际交流与合作，以科学严谨的态度，从多个角度展开探讨，引导公众正确认知水库大坝的作用。

该论坛已成为中国水利水电行业推动社会公众正确认知水库大坝的作用与作为、促进水库大坝可持续发展、让水库大坝更好造福人类的重要平台。同时，专委会还积极开展大坝公众认知研究和成果出版，以大视野、多角度宣传水库大坝对于现代社会的重要意义，有效增进了公众对水库大坝和水电工程的科学认知，促进了行业健康发展。

未来，围绕增进公众科学认知和促进行业健康发展策划组织系列活动，仍然是专委会的重点工作。我们将帮助社会公众认识更好的大坝，看见更好的世界。

编　者

2025 年 4 月

目　录

第二章　中国实践：可持续水电工程高质量发展

第三章　行走江河：探寻人与自然和谐共生之道

第四章　公众传播：助力水利水电行业健康发展

三峡水电站

白鹤滩水电站　摄影 / 王广浩

乌东德水电站　摄影 / 许健

溪洛渡水电站　摄影 / 王连生

向家坝水电站　摄影 / 张元戎

葛洲坝水电站　摄影 / 陈臣

第一章
全球共识：
水库大坝与绿色
低碳发展

水是生存之本、文明之源。兴水利、
除水害，事关人类生存、社会进步，
历来是治国安邦的大事。

导　读

　　中国大坝工程学会水库大坝公众认知专委会成立以来，策划组织了"院士三峡行""学者看大坝""哲学家与工程师的对话""国内、国际大坝委员（学）会负责人专访"等多项活动，介绍了国内外水库大坝行业发展的最新动态，以及各方在推动水库大坝公众认知方面的实践和经验，以大视野、多角度解读水库大坝对于经济社会发展的重要作用，有效增进了社会公众对水库大坝和水电工程的科学认知，助力行业健康发展。

加速的科技应用

杨振宁

今天我和大家谈论的题目，叫作《加速的科技应用》。

20 世纪人类生产力猛增，大家有目共睹。这个增速的动力来源于物理学、化学、生物学和医学领域的一些世纪性进步。今天我只讨论物理学对人类生产力发展的贡献。

我们先看 19 世纪。虽然近代科学从牛顿就开始了，可是起步后发展很慢，比如力学走过整个 18 世纪才成为一门相对完善的学科。今天看来，19世纪是一个关键的时期，这个世纪大大地扩大了近代科学的发展，其中一个最重要的方面就是电磁学的发展。

电磁学的发展大致可分以下两个阶段。

在 18 世纪甚至 17 世纪以前，中国和西方对于"电"和"磁"都有些初步的认识。关于电和磁，一个关键性的发展是在 1820 年，一个叫Oersted（奥斯特）的丹麦人，他第一次发现电和磁是有相互联系的，在那之前电就是电、磁就是磁，电的表现如脱毛衣时有一些火花、天上的闪电等。对于磁，人类也很早就知道。可是第一次知道他们之间有着密切关系，是在 1820 年，Oersted 发现电流可以影响周围的磁铁。那个时候已经可以做出简单的蓄电池，Oersted 发现用蓄电池产生电流时，电流旁边的指南针会动，第一次了解到原来这两个很稀奇的现象是互相关联的，这个发现具有决定性的影响。当时欧洲很多国家的学者都在研究这个现象，其中有很多大科学家，如安培，今天电流的单位就是以"安培"

命名的。

第二个大发展，是 1831 年 Faraday（法拉第），他基本上没有受过正规的学术训练，他基本上不懂数学。他有好几册的研究报告，但里面没有一个公式，因为他没学过数学。但是他有很多的直觉，他把 Oersted 的发现拿来做反复的研究，之后他发现了一个基本的现象，西方叫作 Electromagnetic Induction，中国叫作电磁感应。这个发现的重要性显而易见，现在的发电机之所以能发电，就是应用了他的发现。

发电最早是用了简单的线圈，里头放了一个磁铁，Faraday 发现单是这样放着，线圈中没有电流，可是把磁铁向里面推或向外拉的时候就会产生电流。因此，Faraday 发现动的磁铁会产生电，这个叫作 Electromagnetic Induction。这就是今天发电机发电的基本原理。

Faraday 反复研究，有了重大的发现。他把有些东西定量了，可是他不会写成公式，尤其重要的是他引进了一个重要的观念，是他自己也讲不清的几何观念。他用种种的语言来描述这个观念，人们多多少少可以感受到他的观念，但是发现有时候是前后矛盾的，因为他无法用公式来准确描述。比如，他觉得动的磁铁和它产生的"电"，是在垂直的方向，他有这个几何直觉，但是无法用公式写出来。

1865 年，Maxwell（麦克斯韦）出现了，那个时候的 Maxwell 很年轻，差不多十年前他在英国剑桥大学毕业了，他给 Thomson（汤姆森，后来被称为开尔文爵士）写了一封信。当时 Thomson 在学界远比 Maxwell 有名气，他比 Maxwell 大 6 岁，但是他已经是大学教授了。Maxwell 在信上说，我很想了解电是怎么回事，你可否告诉我要看哪些书？这封信已经保留下来了，可是 Thomson 给 Maxwell 的回信找不到了。不过我们可以猜想，Thomson 给 Maxwell 回信说你去查我的某某篇文章，这篇文章里面引进了一个方程式。

1865 年，Maxwell 发现方程式中表达的内容就是 Faraday 想要找到却讲不清楚的观念。研究这段历史多年后，我认为这是个真正的巨大发现，它使得 Faraday 不能用数学表示的直觉，清楚地用数学表达出来。过了几年，Maxwell 写出了一组方程式，这组方程式有 23 个方程式，现在我们看到的 4 个方程式，是他的 23 个方程式的简化，概括了里面的基本精神。这对于人类历史是非常大的贡献。

Maxwell 写出方程式后，用数学的方法计算下去，得出一个结论，就是应该存在电磁波，而且电磁波的速度可以算出来。当时已经有人把光的速度测出来了，Maxwell 把他算出来的电磁波速度和已知的光的速度对比，发现二者很接近。于是他大胆地推测光就是电磁波。在人类历史上的这一发现，无论是从知识方面还是应用方面来说都是极大的发现。但是电磁是否有波，在 Maxwell 的有生之年，没有做成实验，因为那时候电流还很弱，没人能做出这个实验来。

在 1887 年 Maxwell 去世以后，一位叫 Hertz（赫兹）的德国人，做成了这个实验。Hertz 让一个很小的线圈里面有电流，旁边又放一个线圈，结果发现旁边的线圈有感应。这是人类第一次知道电磁波可以制造出来，并且可以传递信息，今天的网络就是这个发现的扩充和补充。

是这些电磁的发展引导出来整个 20 世纪的物理学。

这个影响有两个方面，一个是理论方面，一个是应用方面。

20 世纪物理学理论方面的发现基本上是以电磁学为主引导出来的。首先是狭义相对论，这是 1905 年爱因斯坦所提出来的。他当时研究电磁在一个移动空间上的传递与地面上的传递有什么关系，他在 26 岁的时候大胆地写了一篇文章，就是现在说的狭义相对论。

又过了差不多十年，爱因斯坦把狭义相对论推广，变成了广义相对论。广义相对论和狭义相对论可以说是把电磁学本身的结构充分发挥了，可是发挥后又出现了新的问题："原子是什么结构？"当时已经知道了原子是有一个原子核，周围有电子在转动。问题是电子在周围转的时候会有向心加速度，根据 Maxwell 的方程式，任何带电的东西加速度以后就会放射电磁波，电磁波放射出来后，能量就会降低。比如说一个氢气的原子，它的原子核即质子，旁边有电子在转，根据电磁学原理，这会产生电磁波放射，氢原子能量降低，轨道就会缩小，最后就会缩到原子核里面，因此所有氢气的原子都不会永久存在下去，而且能算出来它们在很短时间内就会被消灭掉。

这就产生了一个大的问题，就是量子力学，在 20 世纪的前 30 年内被解决了。有很多人在量子力学研究中作了贡献，包括爱因斯坦等。量子力学的发展使得人类对于原子、分子的结构有了非常清楚的了解，并大量应用，比如激光。可以说没有量子力学的发展，就不可能有今天对分子、原子的了解，且今天的世界就不会是现在这样子。

到了 20 世纪 50 年代，人们对原子、分子结构的方程式基本是知道的，但是这些方程式还没有完善。20 世纪 50 年代，我做研究生的时候，就要研究原子核的里面是什么？

对原子核内部结构的研究，产生出一个新的领域，在基本物理学领域叫作高能物理学，为什么叫高能，因为关闭在越小的空间里面，能量就越大。原子核里面的能量是外面的几千倍，这就是为什么原子弹的威力比炸药的威力大很多，因为炸药的威力是原子核外面的，原子弹的威力是原子核里面的。

最近这六七十年人们主要是研究这个领域，虽然没有完全解决，但是有了长足的进展，最后得出的结果叫作"标准模型"。大家可能在报纸上看到，2012 年在日内瓦发现了一个粒子叫作 Higgs（希格斯），这个发现对原子核结构有一个相当完整的了解。Higgs 是个人的名字，他最早提出这个概念。

20 世纪基本理论物理学的发展，其实都和电磁学的发展有直接的关系，标准模型中最基本的观念其实就是把 Maxwell 方程式推广。那么，是否现在是什么都了解了，没有新的问题了？其实不然，又出现了新的问题，新的问题是不知道把引力拿来怎么办。

现在基本上知道，世界上所有力量分为四种：最弱的是万有引力，我们在日常生活就能知道引力的重要（原子之间也有引力，不过很小很小）；接着是弱力，即放射线；后面是电磁力；再后是高能，也就是原子核力。

最弱的力量和量子力学的关系搞不清楚，今天仍然在研究，产生了一个新的领域叫作弦论。弦论搞了这么些年，在数学上有一些成功，但是跟物理现象关系不大，仍在继续研究。

以上大概描述了电磁学在 20 世纪对基本物理学所产生的影响。接着我们来讨论电磁学从 20 世纪一直到今天，在应用方面的发展。这个大概可以分为三类。

第一类的影响是电的生产和应用。当初 Faraday 的小线圈，与现在 70 万千瓦、100 万千瓦的机组，是不可同日而语的。电的生产和应用的重要性是无法具体描述的，不能想象没有电的世界是怎样的。

第二类的影响是电磁波。刚才我讲了是 Hertz 第一次证实电磁波是可以制造的，在这十多年后，意大利工程师 Marconi（马可尼）真的做了一个无线电，可以短距离地传递信息。之后，到我出生的时候（1922 年），无线电广播就已经有了，我读小学、中学的时候在北京，家里有小的收音机可以收听广播。到 20 世纪 60 年代，我在美国时有了电视。这些都是用不同的波长、不同的方法利用电磁波传递消息。另一个重要的应用是雷达，雷达的发展是在第二次世界大战的时候，美国为军事应用而发明的。雷达的影响极大，战后基于这发明的 Nuclear Magnetic Resonance Imaging（核磁共振成像），即 MRI，对人类的健康有着非常大的贡献，是巧妙地用了电磁波。到了 20 世纪末，电磁波发展到了网络，网络尤其是现在的智能手机，直接影响了每个人每一天的生活。所以，电磁波发现的重要性是无法讲清楚的，而且，很显然它要继续发展下去。

第三类由电磁现象引发出来的对于应用有决定性影响的是半导体的发展。半导体是 1947 年发现的。在 20 世纪 30 年代的无线电用的是什么呢？是真空管。真空管是什么呢？通常是玻璃材质的一根管子，有三极管、四极管、五极管，通过这造出无线电通信，以及后来的计算机。半导体的发展对于计算机有着重大的影响。半导体是怎么发现的？

19 世纪人们知道有导体和绝缘体，直到 1949 年左右，才发现有一种东西既不是导体又不是绝缘体，是一种可以控制，可以是导体，也可以是绝缘体的东西，可以用来做开关，这是了不得的发现。因为这样一来真空管就被半导体代替了，而半导体可以做得极小极小。

在这里要说一下冯·诺依曼（全名 John Von Neumann），以及他发明的当时世界最大的计算机 Johniac，冯·诺依曼的名字叫 Johnny，所以大家昵称这个计算机是 Johniac，这个计算机极大，把整间屋子都占满了。这个计算机是革命性的计算机，因为冯·诺依曼引入了一个基本的观念，叫作 Stored Program Computer，在这之前最大的计算机叫作 ENIAC，大得不得了，其程序有几千个步骤。几千个步骤怎样记到计算机中去？它是用几十个电话接线员，每一个前面都有一个交换机，几十个接线员，几千个程序，一个个插进去，需要花好几个小时。

冯·诺依曼说这个办法不好，应当把程序转化为数字，记到计算机中去。这个办法的好处是：如果根据计算觉得需要修改程序，那可以立刻修改。不像 ENIAC，要修改程序，需要把电话接线员请来，是好几个小时的事情。

用 Stored Program Computer，程序指导了计算，计算的结果又改变了程序，这个循环不需要时间了，这是一个大的革命。今天所有的计算机都是这种存储程序的计算机。

现在回想一下，从 Faraday 的线圈到 Marconi 的原始无线电，到 Johniac 计算机，再到今天的智能手机，20 世纪科学应用的发展远比 19 世纪快。而且，20 世纪下半叶的发展又比上半叶快，发展是加速的。今后五年、十年、五十年会发生什么事情？我相信发展会更为加速的。

（本文作者杨振宁为美国国家科学院院士、中国科学院院士、1957 年诺贝尔物理学奖获得者。本文为作者 2018 年 4 月 27 日在三峡坝区"科学家与工程师的对话"活动中的主旨演讲，由《中国三峡》杂志记者田宗伟根据录音整理而成，原载于《中国三峡》杂志 2018 年第 6 期。文章有删减）

如何以历史的中国促进现代化中国的发展

——答工程师问

杨振宁　陆佑楣

1. **三峡集团副总经理林初学：两位都是 20 世纪二三十年代出生的前辈，在那个时代，在你们经历的社会环境下，为什么一位选择了物理学研究，另一位选择了工程学研究？**

杨振宁：不同学科的研究在不同的时代可能发展起伏很大。我曾经再三讲过一件对我非常幸运的事情，就是在 1946 年到美国念书。当时量子力学发展到相当完善的阶段，对分子、原子的基本结构有了一定了解，正要转入到研究原子核内部的结构，我就是在那时成为一名研究生，所以就一头扎进去了，这对我一生非常重要。

常常有很多研究生跟我说，杨教授，我们不太知道今天应该选什么研究方向？我说，你们今天所学的物理学跟我研究生时所学的是非常不一样的。那时若对物理学的基本原理有了较多了解，每个了解就可变成了一门学问；那时假如一个年轻人把物理学各门分支学科读得非常透的话，他基本上就把当时物理学前沿知识掌握了。这是当时的现象，但今天没有这样的现象了。

今天每门学问里面衍生出许多小一点的问题，因小问题多，所以今天的研究生要念十几门课，可以说非常吃亏。可是反过来想，很吃亏也可以变成好事，因为有很多小问题可以研究，每一小问题都可能打开一扇大门。

我给大家举个例子，在《加速的科技应用》中我提到 MRI。MRI 是怎么发现出来的呢？是因为第二次世界大战（以下简称"二战"）时期发展了雷达，战争结束后基于雷达就产生了 Nuclear Magnetic Resonance（核磁共振，NMR）。20 世纪 70 年代我在纽约州石溪大学教书，有一个化学系同事叫 Paul C Lauterbur（保罗·C. 劳特伯），他那时候是一个助理教授（Assistant Professor）。那个时候所有化学实验室都有很多 NMR 仪器。劳特伯问了自己一个问题：核磁共振仪器中有一个 Uniform（均匀磁场）。他问：若用 Non-uniform Magnetic Field（不均匀的磁场）会如何？这就是 MRI 的开始。今天 MRI 每年约有几亿人在使用。他后来得到了诺贝尔奖。这是小问题变大了的例子。

陆佑楣：刚才会议主持人提的这个问题，我看每个人走的路不可能都一样。我出生在上海，我跟杨先生有相似的地方，都喜欢科学。我在初中时就着手做矿石收音机，其实矿石也是可以做半导体收音机的，可以听到无线电的广播。到了高中以后，就开始喜欢做电动机，也喜欢做电子管收音机。1945 年二战结束以后，上海有大批美国军工的东西拿到地摊上去卖，我很痴迷，经常去那里买这些东西，买回来就可以做电动机，我们兄弟几个，还有几个邻居、朋友搞了个房间，就叫"少年电机实验室"，很喜欢物理学。

到了考大学时，1952 年，全国院系调整，我也正好高中毕业，学校共青团组织了一次团日活动，到上海交通大学去参观，我看见有个水工实验室："水也能发电？"这个给我印象很深，所以考大学填志愿时就填的水利。当时治水的任务很重，我被分配到水利部门。那时考大学跟现在差不多，那时也是全国统一招考，名单公布在报纸上，公布那天大家排队买报纸，看自己被招在哪儿，我就这样走上了水利工程、走上了工程师的道路。

2. 三峡集团宣传与品牌部主任杨骏：美国人如何看胡佛大坝，对三峡工程的公众认知有什么借鉴？

杨振宁：中国经济发展是人类历史上的一个奇迹，这个奇迹之所以能够产生，我想三峡工程是有一些功劳的。所以前天他们要我题字的时候，我即时思考写了"三峡工程是人类历史上一大亮点"。它不仅是中国历史上的一个亮点，也是世界历史上的一个亮点。当初争论是否建三峡工程的时候，有新闻记者问我，我说我不是这方面的专家，不能发表意见。我很佩服当时的中国领导人，能够在这么复杂的问题里面，做了一个决定，现在看起来任何人都会承认是非常正确的决定。

陆佑楣：美国的胡佛大坝，在水利工程教科书上都有介绍，而且不少人都去实地考察过。胡佛大坝在 20 世纪 30 年代建成的，它为结束二战起了非常重要的作用。美国当时为了研究原子弹，需要大量的电力，所以在加州建了大坝。从工程本身来讲，也是不可磨灭的一项工程，是混凝土大坝的一个创始。因为对混凝土的认识在 20 世纪 30 年代还不是那么清楚，用混凝土浇筑的大坝往往开裂得很厉害。美国垦务局和相关公司就研究了混凝土的相关知识，现在混凝土的知识就从胡佛大坝开始的。大体积混凝土都用冷却水管冷冻。现在大坝虽然出现了几条裂缝，但问题不大，而且都已经处理完了，没有更多的裂缝出现。这就是胡佛大坝开创的筑坝工程的科学技术。应该说，人类的任何活动都有两面性，既有有利的一面，也有不利的一面，该不该干这件事情，就应该进行衡量，这个标准我认为是人类的可持续发展。

杨振宁：我补充一下关于美国人对三峡大坝的看法。我记得 20 世纪 80 年代、90 年代，《纽约时报》上有很多报道，我记得那时候很多报道是负面的。而当时《纽约时报》抓住的一点，不是生态问题，而是要 100 多万人民搬家。作者认为这是一个绝对不应该做的事情。因为他不懂中国是什么样子，也不知道当时中国贫穷的地方是什么样子，所以从他眼中来看三峡大坝不应建造。

后来我记得是 2002 年，我到安徽合肥去访问。合肥是我老家。合肥旁边就是巢湖，巢湖旁边有一个新盖的镇，我去看了看，有几百家，每一家都是两层的小洋楼，住的就是三峡移民。我想一个在山上吃不饱的农民，让他搬到一个陌生的地方，当然开始有些不习惯，可是过了一年两年以后，他们会觉得搬家非常非常好。

前天跟卢纯董事长在一起座谈的时候，我有一个建议：今天这些三峡移民的后代，其中一定有会写作的，他们可以做两件事情：一件是写报告文学作品，就是用他们的亲身经历，把关于三峡移民这件事情的前因后果写成文章，这是有历史价值的一个报告；另外一件是写文学作品，以他们的亲身经历写一部小说。

3. 三峡集团副总工程师孙志禹：2001 年我在长春听过您在中国科学技术协会年度大会上的演讲，在演讲的结尾您引用您的老师冯友兰先生《三松堂自序》中的"旧邦新命"一说。现在又 20 年过去了，您认为应该如何以历史的中国促进现代化中国的发展？

杨振宁：确实是，我一直非常佩服冯先生的"旧邦新命"之说。如果你问我以后这 20 年有什么新的认识，那就是这 20 年之间，见证了中国以不可思议的速度，即将完成中华民族伟大复兴的使命。中华民族伟大复兴是人类历史上的一个奇迹。

我比陆院士还要年长 12 岁。我小时候在合肥，合肥那时的贫穷愚昧状态，是你们今天不能想象的。从那种状态到今天，这巨变是几代人努力所产生的结果。

我十年前出了一本书叫作《曙光集》，最近我正在出另一本，叫《晨曦集》。从"曙光"到"晨曦"，十年间中国发展的速度是超过我当初的想象。

4. 三峡集团流域枢纽运行管理局周曼：三天前，习近平总书记在考察三峡工程时指出，真正的大国重器，一定要掌握在自己手里。因此，我们掌握关键技术后要实现科技引领。

过去三峡集团在大水电开发过程中，实现了科技引领。虽然当前工程已经全面转入运行阶段，并且形成了以三峡工程为核心的流域梯级水库群。我想问：作为一名青年员工，或者说我们这样一个运行管理的团队，怎样做一个发展规划，怎样去打造流域梯级水库群联合调度的核心竞争力，从而实现在水库群联合高效运行方面的科技引领？

陆佑楣：前两天，习近平总书记指出，真正的大国重器，一定要掌握在自己手里。但怎么掌握，就是每个人的一个任务了。三峡工程一开始，我们提出了一条全方位开放的思路。全方位开放是什么意思，谁来干三峡工程都可以，但是要评估。很典型的，70万千瓦的水轮发电机组，这个中国没做过，究竟是靠自己做，还是想办法引进，我们恰恰是作出了决定，引进。第一批，左岸的14台机组，全部靠国际引进。为什么？看到我们中国当时的情况，水轮发电机的制造能力，最大的只做过30万千瓦，而且性能、耐久性还不够，稳定性也不够，耐阻性也不够。三峡工程要用当今世界最先进的技术，怎么办？经过国务院批准，我们作出了一个决定，14台机组全部向国际招标。此后，我们通过不断技术创新，逐步实现水轮机的国产化。通俗些讲，为了加快我们自主发展的速度，要踩在巨人的肩膀上向前走，而不是趴在巨人的背上慢慢地走，这是不行的。所以我们要超前，怎么对中国加快发展最有利，而命运又掌握在自己手里，这是最根本的问题。

5. 长江电力青年骨干艾远高：水电行业，特别是大型水电企业注重安全稳定运行，而科技创新存在未知安全风险，请问如何在安全与创新中寻找平衡？或者说在当前现状下，安全稳定中发展科技创新，是不是只能采取渐进式创新？

陆佑楣：要创新必然有很多风险，我们这些工程技术人员就是要不断地创新。有一定风险，你要想办法在实践中避免，这就是我们的责任，我们就是干这个的，我们在实践中也是要不断创新。三峡工程的水轮机组是70万千瓦，白鹤滩工程是百万千瓦，现在世界上各种水轮机组中国都能自己设计、自己制造，这就是一个创新过程。

杨振宁：方才的问题我不在行，当然不能随便发表意见，不过与这个相关的问题我倒愿意跟大家分享一下。就是美国的社会风气和教育体制跟中国有一个很大的不同，如果讲得简单的话，就是中国比较保守、比较小心。美国呢，更允许胆大，甚至是胡来的事情。哪个好哪个坏呢？很难讲。比如，有个大家公认的20世纪非常重要的物理学家Feynman（费曼），他天不怕，地不怕。美国允许他大胆"乱来"的作风，这是美国好的地方。可是中国的保守也有好处，而且我认为中国近些年的成功跟中国传统文化和教育传统有密切关系。正是这个保守的传统中国教育让更多小孩变成对社会有用的人才。关于这件事我想得很多，但还是要用辩证的方法来看。

（本文作者杨振宁为美国国家科学院院士、中国科学院院士、1957年诺贝尔物理学奖获得者，陆佑楣为中国长江三峡工程开发总公司（三峡集团前身）首任总经理、中国工程院院士。本文为作者2018年4月27日在三峡坝区"科学家与工程师的对话"活动中回答提问的内容，由杨晓红等人根据录音整理而成，原载于《中国三峡》杂志2018年第6期。文章有删减）

工程哲学对重大工程的作用和意义

殷瑞钰 ▬▬▬▬

你们是玩水的，我是玩火的，水火相融，水火相契，都是为中华民族的崛起而奋斗。

这次要求我花 20 分钟时间讲讲工程哲学。我在三峡讲过两次工程哲学，那是在十年前。今天要我讲讲工程哲学对重大工程的作用和意义。

我对三峡工程一直是怀着崇敬的、钦佩的心情来看待的，虽然社会上有一些别的声音，他们或是不了解三峡工程，或是有某些误解，或是因为某些误导，这很正常。但我认为三峡工程是中华民族的伟大工程。

下面，我想就工程哲学的问题来和大家谈谈，内容大致为五个方面。

在人类历史进程中，工程一直体现为直接生产力

工程是人类生存、发展历史过程中的基本实践活动。在原始社会阶段，就蕴涵着原始形式的工程作为生产力的标记。

1994 年中国工程院成立以后，大家都在讨论工程是什么，和科学技术是什么关系，工程和经济有什么关系，等等。由此，我们开展了工程演化论的研究、工程本体论的研究、工程方法论的研究，现在正在进行工程知识论的研究，再加上科学、技术、工程三元论，就构成了中国工程哲学的完整体系。这项工作已经开展了 15 年，有二三十位院士、一百多位专家参加。今天带了两本书，一本是《工程哲学》（第二版），是讲工程本体的；

另一本是《工程方法论》，是 2017 年由高等教育出版社出版的。这些成果是集体智慧的结晶。在我们研究的过程中，三峡工程是有代表性的案例，有哲学含义的、有辩证思维的案例。

地球演进诞生了生命，随之进化出不同的生物物种，继而进化出了人类。人类又是群居性动物，就形成了社会。现在大家看到的世界有两种：一种是纯自然的物理世界，基础研究是研究这个，数理化、天地生等；另一种是人类劳动所形成的人工物世界。人类进化发展就是人工世界的发展。三峡工程就是人工世界的存在物。

我们的生活必须依靠自然、适应自然，而且要适度地改造自然，冷了要多穿点，躲避动物侵袭要在树上搭个窝。这就是人和自然之间的关系，是人类社会和自然之间的关系。在这个过程中人类逐渐在认识自然。自然到底是怎么回事？认识自然就出现了科学，这是自然科学。

如果说要征服自然，就要受到报复、惩罚。我们应该遵循自然规律，合理地改造自然。我想建设三峡工程就是这样的思路。改造世界要处理好人和自然、人和社会、人和人之间的关系，世界的演进形成了自然、人、社会"三元"，人类的一切活动都和"三元"有关系。

人类历史是怎样演进的？是生产力推动着发展的，没有生产力是发展不了的。什么是生产力，工程就直接体现为生产力，是现实的生产力。光有原理不行，物理方程造不出来三峡工程，可见，科学不一定是直接的生产力。

工程是人类生存、发展的历史过程中最基本的生产活动，人的吃喝拉撒睡统统与工程有关系，即使在原始社会，也蕴涵着原始形式的工程作为生产力的标志。从唯物史观看，工程实际上是先于科学出现的，工程活动往往成为随后的科学活动的诱因或者是提出科学命题的源头。有巢氏构木为屋、挖土为穴，燧人氏钻木取火这些活动都是工程活动，当时人们并不知道它的原理，也不知道什么是科学。即使到现在科学技术如此发达，但是要大规模地形成直接生产力，也离不开工程这一关键环节。比如，我们知道核聚变的原理，但工程化中受到阻力，变不成生产力，目前还只能停留在实验室阶段，它不是工程化的技术，只是实验室的技术。因此，我们要正确理解工程和科学技术之间的关系。

科学的特征是什么？科学就是探索、发现。万有引力在牛顿出生之前、发现之前就已经存在，万有引力不是他发现以后才有的。所以，严格地讲，科学没有创新的问题。科学是探索、发现，揭示客观事物的本质、构成和运动规律的学问。技术活动的特征是什么？技术活动的特征是发明、创新。中国的四大发明是技术、技艺，不是科学。火药发明者，他懂化学元素周期表吗？他懂化学反应方程式吗？他都不懂，但是他知道这几个东西放在一起可以爆炸，它是典型的技术和技艺，是发明创新。工程的特征是什么呢？是集成和建构。要把技术要素、经济要素等集成起来，而且要建构出工程实体系统来，使其能够运行、发挥作用。我想三峡工程、青藏铁路、探月工程等都是这样。

由此，我们进而可能会联系到产业。产业是社会生产力发展到相当水平以后，建立在各类专业技术、各类工程系统基础上的各种行业性的专业生产、社会服务系统。例如，水利工程有三峡工程、溪洛渡工程、小浪底工程、葛洲坝工程。产业发展的特征是什么？产业发展具有行业性和效益性，像化工工业、纺织工业、冶金工业、机械工业等都各是一行，都讲效益。

从知识链的角度看，从自然出发，探索认识自然客观规律是科学，为了经济效益、工业效益形成的从事相同性质的生产或同类产品的经营的系统是行业。工程是直接生产力的重要组成部分。相关的工程归在一起是产业，第一产业+第二产业+第三产业是经济，经济+政治+文化是社会。从这里我们可以看到，工程处在核心生产力这一非常重要的位置。科学探索自然认识自然，是真理取向，有用无用、值钱不值钱它都不管，工程讲的是功效和价值取向的，没有价值的事或是负价值的事是不会干的。

科学是探索事物的构成、本质和运动规律；工程是技术集成体，技术知识、技术方法、技术手段、技术设备是工程活动必不可少的前提和基础。我们同时还要看到，工程不是单一学科的理论和技术的应用，它必须是由技术要素和非技术要素集成而来，不能简单地归结为科学技术的应用。从产业角度看，工程是产业的组成单元，相关的相同类型的工程实体（工厂、企业等）是产业的细胞。工程往往具有产业特征，不同类型的工程可以形成不同的产业。从经济的角度看，投资是工程活动的基本要素，物质性的工程活动是经济运行的承载实体，是实体经济的主要构成内容和主要形式。

工程和科学是有交叉的，工程科学和技术科学不一样，水力学、水工学属于工程科学性质而不属于基础科学。工程和技术的交界，形成工程技术，工程技术不是实验室的技术。技术有四类，实验室技术、中间实验技术、工程化技术、商业化技术。前两个都不是工程化技术，不能成年累月运转并批量化生产出商品、产品。

综上所述，关于自然的知识和活动可分为工程、技术、科学"三元"，不仅是科学、技术"两元"。从现代知识意义上看，科学—技术—工程—产业之间存在着若干相关的知识链或者说知识网络。工程和产业的关系更直接更紧密。对于不同时期人类社会而言，工程一直是直接生产力。从原始社会到现在，如果要观察现实的人工世界应该从工程本体论出发来考察。工程体现着自然界和人工界在要素配置的组织、集成与建构和运行方面存在交叉，工程活动特别是工程的理念是体现价值取向的。

自然的认知逻辑

人类的知识是在实践和思维中不断获得、不断积累、不断综合、不断创新、不断发展的。这种关于自然方面知识的获得、积累的综合过程，如果从实践的历史时序过程看，常常是从"工程构建的知识→技术发明的知识→科学发现的知识"这样一个过程。如果从认知过程理论的逻辑角度看，则又有一个"探索发现科学知识→发明创新技术知识→集成建构工程知识"的过程。认知过程和实践过程是两个过程，并不完全同步、并不完全一致。所以必须承认，科学、技术、工程三者之间存在密切的关系，但承认三者之间存在着密切关系并不意味着可以笼统地把科学与技术混为一谈，也绝不意味着可以笼统地把技术和工程混为一谈。必须强调指出，技术绝不仅仅是科学的简单运用，技术除了根据科学原理和科学方法之外，还不能排除巧妙的构思和实践的经验。光有科学知识还不够，巧妙的构思和实践经验往往成为技术画龙点睛的内容和成分，就像专利。

工程是人类有组织、有计划地利用各种资源和相关要素，制造和建构人工实在的活动。工程具有某种形式对基础科学采用某种形式的应用，但工程不仅仅是科学的简单应用和堆砌。现代工程除了要懂得科学的基本原理和技术科学的理论与方法之外，还必须有关于处理诸如在多层次、多尺度、多因素命题条件下的多学科交叉的新知识的综合集成，这是工程科学问题。例如，长江这条河，其季节性、区域性及其时空尺度非常明显，三峡工程是个复杂的工程系统，不是一条原理的简单应用。

工程活动必然和基本经济要素的配置有关，工程还要善于通过有序、有效的系统组织和实践，构建出新的存在物或新的系统。工程是一枚硬币的两面，一面是工程系统的"实在"，另一面是系统工程组织管理的技术。这是两回事，现在有时混了，将系统工程的内涵泛化了。系统工程是一个管理组织的方法，工程系统是物质实体。总而言之，认识工程不能简单地把工程看作科学的应用，更不能把工程看作只是对基础科学的直接、简单应用。工程是在一定边界条件之下，即客观自然、社会经济、人文要素和信息环境下，对技术要素和非技术要素的集成、建构、运行和管理。

工程的本质和模型

工程本质是什么？它是怎样一个模型的反映？工程本质可以理解为是利用各种知识、技术和各种相关的基本经济要素，构建一个新的存在物的集成过程、集成方式和集成模式的统一。

可以从三个方面来解析。

第一，工程是各种要素的集成方式，这种集成方式是与科学相区别、技术相区别的，这是工程最本质的特点。

第二，工程所集成的要素包括了技术要素和非技术要素（主要是基本经济要素，非技术要素也很重要）。这两类要素构成了工程的基本内涵，非技术要素也是工程的重要内涵，例如，经济、人力、市场等。两类要素相互关联、相互制约、相互促进。

第三，工程的进步既取决于基本内涵所表达的科学、技术要素本身的状况和性质，也取决于非技术要素所表达的一定历史时期社会、经济、政治、文化等因素的状况。例如，在抗战时期，三峡工程是搞不起来的。所以这样的话，工程的要素及其系统可以比喻为一个鸡蛋。

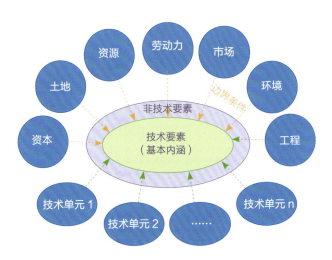

工程要素及系统的核心是技术要素，如同蛋黄；而工程要素及系统的非技术要素如同蛋白，资本、土地、资源、劳动力、市场、环境等都属于非技术要素，又叫作支撑因素。所以从哲学的角度看，工程活动的核心是构建出一个新的存在物，例如，一个建筑物、一个工厂、一条道路等。工程活动中所采用所集成的各种技术，特别是专业核心技术，始终围绕着构建一个新的存在物的需要而展开。所以，构建新的存在物是工程活动的基本标志。这就是工程本体论。

社会、经济的发展不能脱离物质性的工程活动。工程活动有两端，一端是自然（包括资源等）与知识，另一端是市场与社会。工程立足自然，运用各类知识，实现市场价值（经济效益）和社会价值（和谐发展、可持续发展）。

工程是直接生产力，而且是各类相关技术的动态集成系统。科学发展、技术创新一般都要通过工程这一动态集成系统，才能转化为直接生产力，进而通过市场、通过社会体现其价值（包括增值、就业、利润、社会服务、文明进步、环境友好等）。

工程的基本特征就是工程活动体现着自然界与人工界要素配置上的综合集成和与之相关的决策、设计、构建、运行、管理等过程。工程活动特别是工程理念体现着价值取向。工程的特征是工程集成系统动态运行过程的功能体现与价值体现的统一。

三峡工程的功能体现丰富多彩。与孙中山先生的构想相比，现在三峡工程的功能丰富多了，由于历史条件、认识水平、经济背景、社会背景都变了。因此，工程是经过相关技术进行选择、整合、协同而集成为相关技术群，并通过与相关基本经济要素的优化配置而构建起来的有结构、有功能、有效率地体现价值取向的工程系统、工程集成体。工程功能的体现应包括适用性、效率性、可靠性、安全性、环保性等价值。现在提出长江不搞大开发保护长江生态，说明价值取向在扩展、价值导向在变化，不同时代的侧重点会有不同的体现。工程体现了相关技术的动态集成运行系统，技术（特别是先进技术）往往是工程的基础和要素。

下面给大家介绍一个工程的模型。模型有上下两排牙齿，下面的牙齿是技术集成系统，包括诸多相关的、异质的技术的集成，但是不能出现象牙、老虎牙，牙齿必须是整齐的。升船机和船闸要配合起来，结合到一个有效和谐的系统中去。上排的牙齿是产业与经济，是基本经济要素的配置，包括资源、土地、资本、劳动力、市场、环境等。上下牙齿是耦合的，是互动、协同、集成、演进的。发电技术、机组都是在演进中。上面的牙再向上走，就形成了产业，产业集群、产业集合再形成经济。下面是自然，一定要依靠自然，适应自然，适度改造自然，进而加深对科学的认识、对技术的认识。回过头来，工程技术对科学和技术又提出了新的命题，他们是双向的，相互促进的。现在应该是认识科学、技术、工程"三元"关系的时候了，他们是双向循环且相互影响的。

在工程的构建模型中，其逻辑程序应包括：工程理念—集成理论与方法（集成优化和演变创新）—设计与构建（结构—效率—功能的获得并优化）—动态运行与管理（多目标的优化选择与权衡）—生命周期评估—对自然、社会环境的适应性与演变性。

现代工程的理念，体现了自然、人、社会之间的和谐发展，特别是自然、社会、工程之间的可持续发展。工程与工程之间的演化体现着：价值与战略的取向，具体发展步骤的选择和取舍，对自然、社会、人文系统的适应性、选择性和进化性。

工程创新是创新活动的主战场

针对现实，我国当前面临的经济发展问题，首先是物质性的工程问题。我国目前每年的工程投资水平较高，这是我们面临的主战场，是我们必须面对的直接的基本现实。工程在经济发展中已经凸显其重要性，工程对建设创新型国家的过程也正在凸显其重要性。

我谈对三峡工程的认识

三峡工程体现了依靠自然、适应自然和适度改造自然的理念，是可持续、有综合效益的工程。三峡工程体现着水利、地质、土木、发电、航运、物流、环境生态等学科的复杂综合集成性，集成在一个工程系统中，体现了集成—建构—转化等工程知识的特征。我要强调"转化"，如果不能"转化"为现实生产力，那么就是构建出来也是没有用的，工程一定要转化为有价值的直接生产力。三峡工程是正确决策的体现，经过几十年的论证，是伟大的工程，是复杂工程成功的范例，是利国利民的工程。

三峡工程是一个复杂、开放、动态、有序的工程系统，是通过系统工程的工具手段组织、管理、集成、构建出来的现代工程体系。它体现着工程理念的创新、工程功能的创新与拓展、工程运行的信息化等；体现着工程设计、工程建造和工程运行的先进性、集成创新性，有效转化为直接生产力的过程中与自然、社会的和谐发展。

（本文作者殷瑞钰为中国工程院院士。本文为作者 2018 年 5 月在"中国工程院院士三峡行"活动中举办的"哲学家与工程师的对话"中的演讲报告，由《中国三峡》杂志记者田宗伟、孙钰芳根据录音整理而成，原载于《中国三峡》杂志 2018 年第 7 期。文章有删减）

如何再造有坝河流良好生态

——专访中国大坝工程学会理事长矫勇

张 蕾 冯 浩

在郑州召开的中国大坝工程学会 2018 学术年会暨第十届中国、日本、韩国（以下简称"中、日、韩"）坝工学术交流会上，如何再造有坝河流良好生态，让有坝河流焕发勃勃生机成为与会人士关注的热点话题。

作为重要的水利基础设施，水库大坝具有调蓄江河、因势利导、兴利除害的属性，承担着保障国家防洪、供水、灌溉、能源安全等重要功能。如何通过环境友好的水库工程建设和运行管理，将大坝对环境的不利影响降到最低，同时充分发挥水库再造新环境的功能，创造人水和谐、生态改善的良好局面，成为大坝建设的重大课题。为此，《光明日报》记者专访了中国大坝工程学会理事长矫勇。

水库大坝是江河生态廊道的重要载体

近年来，随着生态文明理念逐渐深入人心，人们愈发认识到：具有水量、水质、水域岸线、水能、水生物等多种资源属性的大江大河，是一个生机勃勃的生命共同体。在江河上修坝建库调蓄江河径流，满足现代经济社会对防洪、供水、发电等需求的同时，也会不可避免地对江河生态系统产生负面影响。

在矫勇看来，水库大坝对江河生态系统的影响主要集中表现在两个方面：一是梯级开发产生的江河生态环境碎片化；二是江河的最小生态流量得不到保障。

在重视江河生态系统保护的当下，水库大坝不仅是防洪、供水、能源的重要保障，更是江河生态廊道的重要载体。因此，"坝工建设者不仅要在规划、设计、建设阶段把保护江河生态系统作为重要任务，运行阶段更要把提升生态系统的质量和稳定性作为重要职责"。矫勇强调。

生态流量关乎江河湖泊的"生命"

生态流量是表达江河湖泊生态需水的一个重要指标。随着经济社会快速发展，人们的生产生活用水大量挤占了河流的天然径流，因此，保障、维系江河湖泊生态系统稳定性的生态需水，成为人类社会可持续发展的重要内涵。根据第一次全国水利普查结果，我国江河上建有水库 97895 座、水电站 46696 座（与水库有重复）、河道节制闸 55133 座。

经过调研，矫勇对中小河流水电站，尤其是小水电对河流生态的影响深有感触："我国南方中小河流上建有大量中小型水电站，这些水电站建设年代早，往往没有下泄生态流量的放流设施，在枯水期难以保证足够的生态流量。"在他看来，对河流生态流量影响更大的是引水式水电站。"除汛期外，中小河流流量本来不大，且丰枯差距明显；而引水发电导致拦河坝与发电站之间的减水河段经常脱流，对河流生态造成明显损害。"

再造河流良好生态的实践刚刚起步

新安江流域跨越安徽和浙江两省，降雨丰沛但时空分布不均，雨季时洪水泛滥，枯水期则供水困难。20 世纪 60 年代，我国决定建设新安江水电站，解决流域防洪、发电和供水难题。水库建设并没有破坏新安江的生态，反而创造了一个巨大的人工湖泊，并因库区中有 1078 座岛屿而得名"千岛湖"。据矫勇介绍，如今新安江流域已被有关部门列为流域生态共建共享试点区域。

在矫勇看来，相对于水库群对河流生态环境的改变，我国再造良好河流生态的实践刚刚起步，"要从规划、勘测设计、工程建设、运行调度各个阶段，积极探索提升河流生态系统质量和稳定性的新技术方法，从而在有坝河流上打造出生态系统能够稳定繁衍发展的新生境"。

在这方面，一些地方开始了积极探索。福建省在全国率先安装最小生态下泄流量在线监控装置，由环保部门核定水电站最小下泄流量，对 12 条重要河流的 121 座水电站在线监控。浙江省推进生态水电示范区建设，编制《浙江省生态水电示范区建设实施方案（2016—2020）》，计划完成生态水电示范区建设 50 个，生态修复水电站 300 座；建成生态水电示范区 34 个，生态修复及改造水电站 221 座……

"当前和今后一个时期，我国正在和将要建设一批世界级的水库大坝。要实现水库大坝与经济社会、自然生态的可持续发展，还有很长的路要走，但我们有信心让有坝河流焕发出勃勃生机。"矫勇表示。

（矫勇为中国大坝工程学会理事长。本文为中国大坝工程学会 2018 学术年会上《光明日报》记者张蕾、冯浩对矫勇的访谈，原载于《光明日报》2018 年 11 月 24 日。文章有删减）

我造物故我在

李伯聪

在座各位的职业和社会角色是工程师，我的职业和社会角色是教师。工程师、教师和科学家是三种不同的社会角色。

相比较而言，对于教师和科学家这两类职业和社会角色的性质与特点，无论是"社会舆论"还是"角色本人"都有比较明确的"角色认知"和"自我认知"。可是，许多人——包括"舆论界"的许多人和许多工程师"本人"——往往对于工程师的职业和角色性质的认识就比较模糊了。

"社会角色"是社会学概念。在认识工程师的社会功能和社会特征时，我们不但应该从社会学角度分析和认识，而且应该从哲学角度分析和认识。

工程师和科学家是两种不同的社会角色

冯·卡门有一个很著名的观点："科学家发现已经存在的世界，工程师创造从未存在的世界。"这就告诉我们，虽然有些人往往把工程师和科学家混为一谈，但工程师和科学家实在是两类不同的社会角色。

科学家的任务是认识世界，科学家研究的是放之四海而皆准的真理，科学家从事科学活动的成果是"写作"了科学论文、科学著作，提出了科学理论。工程活动的本质是改变世界，是发展生产力。工程活动的"根本成果"不是"论文"，而是直接的物质财富本身。例如，三峡工程建设的成果就是物质性的大坝、电站和水库。具体的工程活动有工地、有工期，具有当时当地性。每一座大坝的成败得失都与其自身的"当时当地性"密切相关。

我今天讲的题目是《我造物故我在》，这是工程哲学的基本箴言。

如果从工程哲学观点看，中国古代传说中的有巢氏、神农氏就是人类历史上最早的"工程师"，而古希腊关于普罗米修斯的神话也反映了工程活动才是人性的本质所在。可是，自古希腊和古代中国的哲学创立以来，两千多年来一直都存在着哲学家轻视工程活动的状况。由于多种原因，古代的工匠未能把自身的认识上升到哲学水平，而近现代的工程师往往也不关心哲学，这就形成了哲学工作者和工程师互相疏离、互不关心的状况。

作为对比，应该注意：哲学家和科学家的关系一直是非常密切的。

随着现代工程的发展，工程界和哲学界开始重新认识工程和哲学的关系。21世纪以来出现的一个重要的新趋势，就是哲学家和工程师相互学习、共同研究工程哲学的新趋势。

科学家、工程师和教师都需要有哲学思维。科学家在科研活动中主要运用科学思维，工程师在工程活动中主要运用工程思维，教师在教学活动中主要运用教育思维。

科学思维和工程思维是两种不同的思维方式，二者既有密切联系，同时又有根本区别。

长期以来，全世界的哲学家大都是不关心工程的，我们中国的孔子，古希腊的柏拉图，都是不关心工程活动的。在21世纪之初，哲学家面向工程，工程师反思工程，哲学家和工程师相互学习、相互合作，工程哲学也就应运而生了。

工程哲学是改变世界的哲学

在座的各位是工程师，工程师为什么要学习哲学呢？我想，学习哲学首先就要认识自己，认识工程，认识自己在社会中的地位。

应该怎样认识工程师的社会作用和工程师在社会中的地位呢？我想，可以用一句工程哲学的箴言回答，那就是"我造物故我在"。

工程师是干什么的？造物。

"我造物故我在"这个工程哲学箴言的含义与笛卡尔的哲学箴言"我思故我在"形成了鲜明的对比。

"我思故我在"的含义实际上就是强调"人在本质上是思维的主体"，而"我造物故我在"的含义却强调"人在本质上是造物（创造各种各样的人工物）的主体"。大家知道马克思有一句名言，"哲学家们只是用不同的方式解释世界，而问题在于改变世界"。这句话就刻在马克思的墓碑上。正如马克思指出的那样，以往的哲学家重视认识世界，而不太重视改变世界。而马克思主义的核心就是强调改变世界。从这个角度来看，工程哲学显然属于马克思所说的改变世界的哲学。所谓改变世界，首先就是改变外部的自然界，这就是造物活动、生产活动。改变世界的活动包括改变自然、改变社会。今天我们主要谈改变自然，这是一种造物的活动。谁来造物？这就出现了造物主的概念。

大家知道，基督教认为上帝是造物主。我们不信基督教，那谁是"造物主"呢？从马克思主义和历史唯物主义观点来看，干工程的人——包括工程师、工人、工程管理者、工程投资者在内的"工程共同体"——就是造物主，是物质财富——大坝、房屋、铁路、飞机、计算机、手机等——的创造者。

造物和用物是联系在一起的，所以"我造物故我在"这个箴言的完整含义中包括着"我造物故我在"和"我用物故我在"这两个含义。

基督教讲上帝是造物主，世界是他创造出来的，但上帝只造物而不用物。而人类——包括工程师——作为造物主却必须既造物又用物。我们造物的目的是用物。造房子是为了住，建设三峡工程是为了防洪、发电和改善航运及生态供水。

另外，基督教中上帝的造物是一次性活动，上帝创造了世界之后，他就没事了。但是人类的造物活动是要不断地造物、不断地用物。人类必须不断地进行造物活动和用物活动。人类是有生有死的，人类造出来的所有的人工物——房屋、机器、水坝、电机等——也都有自己的"生命周期"。

科学关心的是普遍的真理，而不关心个别对象的状况。但作为造物活动的工程却必须考虑造物活动的"全寿命周期"。工程活动所造之物不是"自古就天然存在的"，也不是"今后永远继续存在"的，这就形成了工程的全寿命周期——从最初的规划、设计到建设施工、运行、维护，再到最后的退役。工程人工物——大坝、飞机、手机、电厂等——也有自身的寿命周期。

过去我们讲工程常常讲的是工程的建设。事实上建设阶段结束之后，就进入更为漫长的工程运行阶段。运行就是用物，像三峡工程，现在已进入了工程的运行阶段。工程运行，会出现很多新的问题，也有规律性的东西。任何工程都有一个全寿命周期。因此，我想在用物过程中，要重视工程运行阶段的意义和规律，现在也正在加深这方面的认识。

现代人生活在人工物的世界中，重视工程运行阶段的意义和规律有其特别重要的意义。

工程是器，器中蕴道，道器合一，道在器中

我们所生存的世界中，有两类东西：一类是天然存在的，例如，江河、石头、空气等；另外一类是人工创造的，例如，房屋、电灯、计算机等。

所谓"器"，就是人为的创造物。

在中国传统哲学理论中，道器关系是一个大问题。

《易传》中说"形而上者谓之道，形而下者谓之器"。由于多种原因，许多哲学家在认识道器关系时，都重视道而轻视器。

20世纪90年代，我在北京第一次讲工程哲学时，参加会议的有30多人，全部是批判我的，只有会议主席是支持我的。我不知道他是因为我们私人关系特别好支持我呢，还是因为我的观点正确而支持我。批判我的观点中，有的我当时就可以批驳，但是有一个观点我当时无法反驳。有人批评说：工程是器，"形而上者谓之道"，哲学是道，怎么可能搞什么工程哲学？这对我是当头一棒，这个问题如果解决不了，工程哲学就没有存在的基础。当然，马克思主义可以给一个支持，刚才讲了，马克思主义认为人类不但要认识世界，还要改变世界，这是很重要的一点。我平时看的书多，我没想到后来我在禅宗里面找到了一个理论根据。

禅宗有个很重要的理论观点："佛法在世间。"关于佛法，历来有两种观点：一种是佛法在世外，一种是佛法在世间。禅宗认为"佛法在世间"。

对于我们工程师来说，我们关心的不是佛法，我们关心的是哲学。哲学在哪里呢？哲学在工程之内还是在工程之外？在这个问题上，禅宗对我们有重要的启示。正像"佛法在世间"一样，我们认为"哲学在工程之中"。

现在我们再回过头来看中国哲学。许多哲学家认为道器关系是分离的，就是刚才说的"形而上者谓之道，形而下者谓之器"，认为"道是道，器是器"，重道轻器，这是中国古代哲学中占主流的倾向。但中国哲学中也有另一种观点，主张"道器合一，道在器中"。

工程师学哲学的一个关键内容是要正确认识道器关系，工程哲学的一个关键内容也是要正确认识道器关系。在这个问题上，我认为关键点是工程师应该记住八个字——"道在器中，道器合一"。现在很多电视片都在讲"大国重器"，实际上不但是讲器，也是在讲道。"大国重器"就是讲道器合一的力量。

我们工程师要用"道器合一，道在器中"的思想武装起来。要认识到，离开了器就没有道，工程的厉害，就厉害在"道器合一，道在器中"。

工程师需要有工程思维

工程思维、科学思维、艺术思维是三种不同的思维方式。科学家、艺术家、工程师是三种不同的职业和社会角色，各有自身的社会功能。可是，现在的传媒和社会舆论中常常把工程师的成就与科学家的成就混淆起来。这里的一个典型事例就是应该如何认识航天领域的成就。我们看到，许多传媒都说航天是科学成就，不但中国是这样，美国也是这样。我们要问：中国航天是科学领域的成就吗？不是。不用我再多解释了，航天是什么成就？是工程成就。许多人把工程和科学搞混了。

工程师需要有工程思维。工程活动不是自然过程，自然过程是没有思维的，工程活动必然有人的思维渗透其中。现在我想说的是，工程思维的过程和科学思维的过程是不一样的，当然和艺术家的思维方式也不一样。我在前面引用的冯·卡门的那个观点是所有的工程师都必须牢记在心的观点。科学家主要是"反映"已经存在的世界，而工程师是创造未来的世界，创造一个原先不存在的世界。像咱们造的三峡大坝，造之前是不存在的，而牛顿发现万有引力定律的时候，万有引力定律是已经存在的。从这点来说，真正有创造能力的是工程师。小说家呢，他们虚构一个过去、现在、未来都不存在的世界。《红楼梦》也是创造出来的，但我更愿意用一个词：虚构。科学思维具有"反映性"特征，要反映客观世界；工程思维具有设计性和实践性特征；艺术思维具有虚构性特征。艺术思维是天马行空的想象，不接受实践检验。一句话，他写个《红楼梦》，或者写个孙悟空，过去没有，现在没有，将来也没有。你不能要求把林黛玉和孙悟空找出来。但是工程师，当他设计三峡工程的时候，三峡工程是不存在的，但是和《红楼梦》及小说家不同的是，过了十几年以后，别人是要向你要真实的三峡工程的，这个区别是本质的区别。因此工程师有创造性，而且具有实践性，你得把它变成真的，这跟遐想、虚构就有本质的不同。

科学思维是解决科学问题的，科学问题是有答案的，一般说来这个答案是唯一的。对于科学家来说，在科学真理面前是不能够妥协的，比如说圆周率只有唯一的答案。但是建设一个工程究竟应该如何建，就没有唯一答案，来 100 个设计师，就会有 100 种方案，这 100 种方案不能说哪一个就绝对好。这就牵扯到协调和权衡问题。

工程思维是造物思维，造物的目标要求和程序都是没有唯一答案的，在这个意义上，工程思维具有很强的艺术性。也许可以认为，造物思维就是要在一定的约束条件下，寻求出从当前状态到未来设计状态的可行、合理的操作程序和路径。

工程师需要具有说服能力

过去我们强调工程师技术能力和论证能力的重要性，这个的确很重要，但今天我无意谈论这方面的问题。我想说的是，今天的工程师还要具有说服能力。你是工程师，你想干点事儿，但是决策权不在你手里，你要有能力说服领导，来实现你的想法。过去我们认为只要说服领导就行，工程师有技术能力，论证一通过，领导一拍板，这事儿就定了。但现在单是能说服领导也不行了。

工程师还需要有一种新的能力，就是说服群众。我想我们三峡的工程师也是这样，就是我们对三峡工程的很多认识如何也让群众认同。对于许多工程师来说，工程的公众认知成了一个新问题。

最后我还想说一个问题，过去常常将工程人才和科学人才混为一谈，把工程能力和科学能力混为一谈。在座各位都是工程人才，特别要求的是工程能力。

科学人才和工程人才是两类不同的人才，有不同的成才标准，有不同的成长道路，有不同的成长规律。过去我们的问题是把工程师当成了科学家，要求要发表篇论文什么的。现在我们要按照工程师的成长规律培养工程人才。工程人才的成长道路包括两个阶段，第一阶段是大学，第二个阶段就到了工作岗位。新时代，要求有新型工程师，要求工程师有创新能力。而对于工程能力而言，必须要强调不但要有个人能力，还要有团体能力。

（本文作者李伯聪为中国科学院大学教授。本文为作者 2018 年 5 月在"中国工程院院士三峡行"活动中举办的"哲学家与工程师的对话"中的演讲报告，由《中国三峡》杂志记者田宗伟、王芳丽根据录音整理而成，原载于《中国三峡》杂志 2018 年第 7 期。文章有删减）

未来需要更多三峡工程这样具有综合功能的水利枢纽

——专访时任国际大坝委员会主席安东·史莱思

韩承臻

"三峡水库在处理泥沙问题上是非常成功的，为我们提供了很好的范例。"2016 年 10 月 21 日，召开中国大坝工程学会 2016 学术年会暨国际水库大坝研讨会期间，国际大坝委员会主席安东·史莱思（Anton Schleiss）接受《中国三峡工程报》记者专访时说。

今年，史莱思分享的研究成果是水库泥沙问题。"泥沙问题研究是水库运行中一个非常重要的问题。如果泥沙问题得不到有效处理，随着时间的流逝，我们宝贵的水库库容会减少。"水库泥沙问题的影响不会马上出现，因此有的国家或地区对这个问题还没有足够的重视。他们对水库建设运行的经验积累不足，甚至在设计阶段，都没有考虑到泥沙淤积的问题。

"我今天分享的题目是《水库淤积与可持续发展》，希望能引起相关方对这个问题的重视，并采取适当的方法加以解决，尤其是在设计阶段，就要考虑到这个问题。"他说。

世界范围内有没有处理水库泥沙问题比较成功的案例？史莱思说："有，就在中国。"

他说，三峡水库采用蓄清排浊的运行方式，在洪水季节降低水库水位，加大下泄流量，将泥沙含量高的洪水排向下游，有效减少了水库泥沙淤积，同时也最大限度为下游补充了泥沙。洪水季节过后，再把泥沙含量低的江水蓄积起来。这是一个非常有效的做法。

水库对于人类社会发展发挥着重要作用。史莱思说，比如，气候变化是全球都非常关心的一个问题。在减少碳排放方面，水电承担着非常重要的角色。有研究显示，为了应对气候变化，目前世界上一半甚至三分之二的火电应该被取代。在这个过程中，水电能发挥多大作用，目前还有不同的认识，但是水电本身还是有巨大的发展潜力的。"为了提高人类生活和经济发展的质量，未来需要更多三峡工程这样具有综合功能的水利枢纽。"

关于如何使公众正确认知水电开发。史莱思说，要帮助公众充分认识大坝和水电开发，并且要采取合适的方法。比如，如果单纯从技术上和公众进行交流，人们可能并不容易接受和理解。因为公众真正关心的可能和大坝技术问题并没有太多关系。他们更关心的是水库大坝对经济和生活造成的直接影响，比如渔业、休闲、工作等。

"当然这是一个非常耗费时间和精力的过程，但值得去做。这里有一个案例。我们曾经在瑞士开发过一个水电站，很早就开始和当地民众沟通，参与这个过程的不是工程师和工程技术人员，而是环境、农业、渔业等方面的专家，甚至还有园艺师和景观设计师。他们可以很好地解答民众心中的疑问，帮助民众更好地开展种植养殖，采用更先进的生产生活方式。由于沟通得充分，沟通方式恰当，这个工程在实施过程当中，没有遇到任何阻力，当地民众都非常支持。"

（安东·史莱思时任国际大坝委员会主席。本文为中国大坝工程学会 2016 学术年会上《中国三峡工程报》记者韩承臻等对安东·史莱思的访谈，原载于《中国三峡工程报》2016 年 11 月 5 日第 5 版。文章有删减）

要让公众知道水库大坝对于人类发展的重要作用

——专访时任国际大坝委员会副主席迈克尔·罗杰斯

韩承臻

"要做好宣传，让公众知道水库大坝对于人类发展的重要作用。"2016年10月21日，在西安参加中国大坝工程学会2016学术年会暨国际水库大坝研讨会的国际大坝委员会副主席迈克尔·罗杰斯（Michael Rogers）在接受《中国三峡工程报》记者专访时强调。

水库大坝是保障人类社会发展的重要基础设施。罗杰斯说，比如在中国因为三峡工程每年都可以减少因为洪水造成的大量的经济损失和人员伤亡，它发出的清洁电能，它对航运的改善等功能，让人们的生活变得更好。大坝建成之后，可以长久发挥作用，不仅可以让当代人受益，而且子子孙孙都可以由此获益。因此，要做好宣传，让更多的民众知道这些。

水库大坝等水利设施对于发达国家同样至关重要。罗杰斯说："我要在本次大会上分享的美国圣地亚哥应急供水工程就是一个例子。这是一个对于加州尤其是南加州非常重要的工程。修建它的主要目的是增加库容保障供水。"南加州属于沙漠地区，水资源贫乏。上一个干旱期长达八年，那里的江河湖泊几乎全部干涸。但是，随着当地经济社会的发展，亟须增加水资源供给。而目前那里的供水90%依靠其他州。同时，加州还是一个地震频发的地区，由于地震的破坏，那里的供水管网，曾经瘫痪长达六个月之久。圣地亚哥应急供水工程可以有效地蓄积雨水，一定程度上保障这里的供水安全，应对紧急情况。

罗杰斯说，水电行业还是要加强与公众的沟通，让公众知道水库大坝对于人类发展的重要作用。有些组织在反对大坝，并且有雄厚的资金在支持这些组织，使得这些反对的声音更容易被公众听到。与此相反，水库大坝的好处和作用，却没得到有效宣传。2011 年，密西西比河发生大洪水。正是由于河流上的水库大坝，使得这次洪水造成的损失减少了至少 500 亿美元。通过与之相关的新闻报道，民众才知道了水库大坝的重要性。这是非常令人欣慰的。

"水电是一种清洁并且稳定可靠的能源形式。积极发展水电对于改善世界能源结构是非常重要的。"罗杰斯说，虽然目前风电、太阳能等许多新的清洁能源都在蓬勃发展，但是这些能源还存在不可蓄等问题。通过建设水库大坝，蓄积水能，需要的时候可以随时调用。尤其是对于发展中国家和电网相对薄弱的国家，稳定清洁的水电对于保障经济社会发展作用巨大。

美国是世界水电大国，当前美国的水电开发呈现什么新趋势？罗杰斯介绍道，美国的水电开发已经非常充分，几乎已经找不到适合水电开发的新项目。现在美国水电开发的一个重要方向是对田纳西、密西西比、俄亥俄等地区所在流域的大坝进行功能升级。比如，这些水库大坝以前只是为了改善航道。现在通过改造，可以使这些大坝具有发电的功能。同时在改造的过程当中，还会考虑改善生态的因素。这也是美国水电开发的新趋势。另一个趋势是通过增加现有大坝的坝高，增加水库的库容，提高大坝的防洪能力。对美国水电发展而言，这些都是比较经济可行的方式。

（迈克尔·罗杰斯时任国际大坝委员会副主席。本文为中国大坝工程学会 2016 学术年会上《中国三峡工程报》记者韩承臻等对迈克尔·罗杰斯的访谈，原载于《中国三峡工程报》2016 年 11 月 5 日第 5 版。文章有删减）

开展公众沟通　改进大坝运营

——专访时任国际大坝委员会副主席 Michel Lino

张志会

终身担任大坝工程师

张志会：尊敬的 Lino 先生，请您首先介绍一下您的人生经历，以及您所从事的行业？

Lino：我是一名土木及水利工程师。我的整个职业生涯都在做大坝工程。我最开始在一家名叫科因贝利的著名法国公司工作了 9 年，后来我和两个同事一起创办了 ISL 公司，字母 L 代表我的姓 Lino。我在这家公司工作了 30 多年，退休后担任其独立顾问。我 40 多年里一直在全球范围内从事大坝设计和大坝监管工作。我在非洲做了很多工作，拥有在北非、中非和西非进行大坝设计和大坝监管的丰富经验。目前我是法国大坝委员会的主席，也是国际大坝委员会欧洲区域的副主席。

21 世纪以来欧洲大坝建设缓慢

张志会：作为国际大坝委员会的副主席，您如何看待欧洲整体的大坝建设的发展？在您看来，欧洲大坝建设可分为哪几个历史时期？

Lino：我不是大坝公众认知领域的专家，但我对法国的建坝情况较为了解。欧洲整体的大坝建设情况是差不多的，但每个国家的情况又不尽相同。有些欧洲国家，水电占比几乎百分之百，比如说挪威，而且他们还在新建水电站。还有在阿尔卑斯山区域，比如瑞士、奥地利、斯洛文尼亚等国家也在新建水电站项目，且通常提供高峰期电能。电网进入用电高峰期的时候，水电站可以提供电能，这种能源价值很高但数量并不多。

法国的大坝建造有悠久的历史。18 世纪至 19 世纪，我们建造了第一批大坝，这些大坝主要用来供水、内陆通航等，因此有一系列大坝已经存在了 200 多年，有些甚至超过了 300 年。第二批大坝是在二战之后为开发水电而建的大坝。

20 世纪 50 年代至 90 年代是法国也可能是整个欧洲的主要建坝期，一些大江大河被陆续开发，建了很多大坝。50 年前法国的情形就像现在的中国一样。从我的印象来说，那时法国大坝的公众认知没有大问题，因为大坝代表了现代性。当然有些大坝项目必须要重新安置受影响的移民，但是规模不如中国那么大，因为我们的大坝大多数都在阿尔卑斯山区域，在人口稀少的高山上。在那之后，从 2000 年直至现在，我们很少建坝了，可能每年只建 1 座到 2 座大坝，都是小型大坝，且大多数用来防洪。近年来没有建过大型大坝。我们现在也遇到了公众对大坝的认知与接受度问题，一些问题来自民间组织，当地居民也对一些大坝特别是一些小型大坝的接受度不高。总体来说，欧洲在公众认知问题和其他综合因素的影响下，水电发展是比较困难的。

水电占比 13% 的法国将建更多抽水蓄能电站

张志会：现在法国的能源结构中，水电占有多大的比例？

Lino：目前法国 75% 以上的能源供应都来自核能，法国是世界上核能在国家能源占比最高的国家，水电占 13% 左右。这 13% 的电力对法国非常重要，我们用它来生产绿色能源，进行电网调控。总体来说，核电站提供基础产能，而水电站提供用电高峰期电能，并平衡电网的供需关系。

张志会：在日本福岛核电站事故之后，一些欧洲的国家如德国已停建核电站。法国是否会新建更多水电站？

Lino：这个问题在法国非常重要。尽管核能是法国的重要能源，但我们意识到核电不是未来的解决方案，必须要从核电开始转向可再生能源。但是说来容易做起来很难。我们现在的目标就是要在 2030 年前将核电占比从 75% 降到 50%，同时增加可再生能源（主要是风能）的比重。我们虽然也有太阳能，但鉴于欧洲的气候因素，风能潜力更大。

我们有一些燃煤发电厂，但是不多。过去水电对法国而言特别重要，后来核电占主导，煤炭的使用急剧下降。现在煤电的比重真的很低，甚至低于天然气的比重。2018 年我们还有 4 个燃煤电站，它们在 2020 年会被关闭。

法国大概有五六个抽水蓄能电站，还有可能再增加。我觉得如果法国再建新的水电站，将会是抽水蓄能电站，因为我们有很多的地址适合建抽水蓄能电站。我认为这些项目都可行，总体来说，与新建一个大型水库相比，开发现有大水库的上游水库问题不大，所以我觉得在未来 20 年，我们会在法国新建一些抽水蓄能电站。

向公众征求意见是法国大坝决策的必经程序

张志会：法国的大坝建设由谁来做决定？

Lino：主要是业主，以往主要是电力公司，现在有了更多的决策者。很多大坝都是用来防洪、灌溉、供水，城市建坝来防洪，受洪灾影响的社区来决定要不要建坝，提出设计方案，并为建设大坝筹集资金。之后，政府部门对项目安全进行管控。所有新建、改建项目都需要提交至法国政府大坝和水利工程技术委员会（CTPHOH）进行安全检查，我就是这个委员会的成员。之后通知公众，向公众征求意见，这是法定的必经程序。如有必要还要对方案进行修改。这之后才可以开建大坝。

张志会：有人认为，建设水电站也会释放地震能量。您认为水电站和地震之间有关联吗？

Lino：过去法国局部区域有一些严重地震，但与日本，甚至欧洲的意大利和希腊等频繁发生大地震的国家不同，对于法国大坝的设计和建设而言，抗震不是大坝安全的主要关切点，抗洪才是关键。法国的很多混凝土重力坝有泄洪孔，以应对超过预期的洪灾。

欧洲公众对大坝的认知正在转变

张志会：在法国公众的印象里，水电是否是清洁能源呢？

Lino：这个问题非常好。因为大坝会对环境造成一些影响。法国大众是不赞成修大坝的，所以说水电可能本来是清洁的，但是公众认为它并不怎么清洁。对政府和公众来说，过去对水电不好的看法在缓慢转变。公众更多考虑了气候变化的重要性，这对社会公众转变对水电站的印象有所帮助，因为整个工业领域都在减少碳排放。

当然我们不会建设大的水电项目，因为主要选址已经建了水电站，但我们还有一些新建水电站的机会，包括抽水蓄能电站和对现有电站进行扩容升级，这些项目政府是可以支持的，公众也是认可的，但是现在还在缓慢地推进过程当中。

欧洲大坝委员会制定过一份大坝和水库的公众认知报告，为欧洲公众对水库大坝的认知提供了非常完整全面的分析。

张志会：当前民间环保组织给水库大坝的公众认知方面提出了一些难题吗？

Lino：是的，我觉得有些民间组织专门抗议水电站项目，还有的不仅是抗议水电站项目。很可能你之前听说过，有个项目是要在法国南特市建一个新的飞机场，事件最后上升成为一个政治问题。本来建机场这件事是上一届政府提议的，但这一届政府最后将建机场的计划取消了。总体来说，我们很难开发这种项目，会花很长时间给公众做工作。我认为公众能够广泛参与是好事，而且公众的意见也能够帮助改善大坝建设项目，但有些时候也会导致不可控的结果。

张志会：我们知道在法国的塔恩省曾发生过一次反坝游行，您怎么看这次事件？

Lino：是的，锡文大坝，那是一场悲剧。那是一个很小的水坝，容量还不到 100 万立方米，功能是灌溉。有一个民间组织抗议这个项目，这很正常，但是不寻常的是，游行期间现场出现一起伤亡事件，只是意外事件，后来却变成了非常大的政治和社会问题。现在几乎所有开发新项目的业主都会害怕这种悲剧再次发生。

张志会：那后来这座水坝的建设被取消了吗？

Lino：没有被取消，这座水坝被重新设计了，以便提高社会大众的接受度。目前我们有一座功能类似的小型水坝，我的公司就是设计方。我们希望这个项目成功，但是也担心同样的问题。一些民间组织对此表示抗议，目前举步维艰。

水电站业主努力改善大坝公众认知，法国大坝委员会需要做得更多

张志会：您是国际大坝委员会欧洲区副主席和法国大坝委员会的主席，您是否认为这些委员会有义务去提升公众对大坝的认知？而你们又做了哪些方面的工作，有没有一些好的经验可以分享？

Lino：我整个职业生涯都是大坝工程师，我会对大坝提出很多问题。我坚信大坝是有用的，但我也认为大坝可能是危险的。所以我很能理解公众对大坝的担忧，我们也要意识到我们建坝者肩上负有很大责任。大坝不是普通工程，因为它们对环境和公众安全产生的影响实在太大。我认为业主、国家、国际大坝委员会、中国大坝委员会和法国大坝委员会都应该肩负起这份责任。当然，国际大坝委员会没有权力强制让业主朝某个方向执行，我觉得重要的是，它强烈关注大坝的安全性，并将这种关注点从它本

身延伸到各个国家委员会，并传递到所有大坝工程师。正如您所说，每个人都应当对社会和公众承担责任。

张志会：作为法国大坝委员会主席，在提升大坝公众认知方面您有没有一些好的工作经验？

Lino：应该说，我们法国的大坝委员会在这方面做的工作还不够。一些大的业主，比如法国电力集团（EDF），作为法国最大的大坝业主，在推动公众认知方面做了很多有价值的工作。围绕大坝与公众进行了很多的沟通，也着力改进大坝的运营等。总体来说，欧洲的情况与此类似。业主努力提升目前公众认知的状况，但是我们的大坝委员会还需要做更多的工作，目前我们专业人手还不够。

对三峡工程的印象

张志会：您对三峡工程有何印象？

Lino：三峡工程规模很大，令人叹为观止，中国建设大坝的成就有目共睹。关于三峡工程的影响的讨论一直存在，一个主要的关注点是受影响移民的重新安置问题，许多移民离开家乡，传统文化受到挑战。我在这次会议上听到了很多其他大型工程正在建设。中国可能比过去对环保注意得更多，甚至比其他国家更重视。我个人最关注大坝的安全性，像美国这样高度发达的国家，他们最高的大坝之一都险些发生重大的灾难性事件。当然我意识到中国很多大型工程都做了很多研究工作，并高度关注水库大坝的安全性。

张志会：非常感谢。

（Michel Lino 时任国际大坝委员会副主席。本文为中国大坝工程学会 2018 学术年会上时任三峡集团科研流动站博士后、中国科学院自然科学史研究所副研究员张志会对 Michel Lino 的访谈，原载于《中国三峡》杂志 2019 年第 2 期。文章有删减）

美国大坝安全实践最新进展

——专访国际大坝委员会副主席、美国大坝委员会原主席迪恩·杜基

李时宇

水库大坝是促进人类社会进步和国民经济发展的重要基础设施。近年来，随着全球经济的快速增长和社会的持续繁荣，水库大坝安全与公共安全的关系也越来越密切。保障水库大坝安全，已经成为水库大坝建设和管理中最为重要的问题，应该引起各个国家政府管理部门和社会公众的高度重视。

美国是世界上最早修建和运营水库大坝工程的国家之一，新时期需要在安全管理、风险评估、资金投入、设施更新、人员教育等方面下更大功夫，以实现水库大坝工程的高质量、可持续安全发展。

自从 1670 年左右在马萨诸塞州建造第一座水库大坝开始，美国建坝已有将近 400 年历史，截至目前已建造水库大坝超过 9 万座。其中，许多是在 20 世纪 40 年代至 20 世纪 80 年代之间建造的。这一阶段，美国水库大坝建设快速发展的重要原因之一是第一次世界大战后出现的大萧条和西部发生的洪旱灾害，促使美国联邦政府加大对基础设施建设的投入，拉动国内经济发展，开发中西部水资源及对田纳西流域开展综合治理。这一时期，美国联邦政府出台了一系列法案，建设了一大批水库大坝，包括著名的哥伦比亚河上的大古力大坝、科罗拉多河上的胡佛大坝等。

回顾历史上发生的水库大坝失事事件，我们发现，任何水库大坝安全事故的发生，基本上都可以归因为外部因素、自身因素和人为因素这三个主要方面。随着新形势的发展，美国部分现存老旧大坝的安全风险指数大大增加，面临着气候变化加剧、自然灾害频发、工程老化、大坝产权多样化等严峻挑战。

对于美国来说，产权多样化是水库大坝面临的最大挑战之一。美国大型水库大坝的建设主体是美国垦务局（USBR）、陆军工程兵团（USACE）和田纳西河流域管理局（TVA）等联邦政府部门的下属机构。但大坝资产所有权属联邦政府机构、州政府机构及私营机构等多种类主体，且超过90%的大坝所有权不属于联邦政府。由于各级政府机构、私营业主等的相对独立性，大坝安全管理和协调难度较高，容易出现漏洞。

为解决这一问题，1977年，美国联邦政府成立了联邦能源管理委员会（FERC），对水库大坝的安全管理进行监管，并定期对水库大坝进行安全评估。如果发现严重的安全风险，联邦能源管理委员会有权利绕开州政府机构及私营机构的限制，直接吊销该水库大坝的联邦发电许可证。

此外，联邦能源管理委员会于2000年开始执行风险知情决策机制（RIDM）。该决策机制是指通过研究水库大坝潜在风险及实现损失最小化、收益最大化的过程，助力管理者做出与其战略目标一致的决策。此外，它还能够通过预先解决所涉及的潜在风险，把风险从源头降低。

安全统一规范管理、严格监管和风险知情决策等制度措施在一定程度上提升了水库大坝的安全性能，降低了安全风险。据统计，美国所有现存大坝的溃坝率已从20世纪20年代的1/22降低到了现在的1/1000。

但是，美国水库大坝面临的挑战依旧不可忽视。例如，在对水库大坝的老化设备进行维护方面，设备老化带来的安全风险和维护的经济成本正在不断增加。在美国，高坝大库工程绝大部分管理规范、维护资金充足、安全监测到位，总体安全状况良好。而中小型水库和老旧工程则较多存在管理和维护资金不到位的情况。这需要来自不同领域的设计师、业主、建造者、供应商和监管机构通力合作，加大资金投入，提高科技创新水平，及时消除隐患。

对于水库大坝的安全保障，除了需要在设计和建设阶段严格遵守规范要求外，对运行期的安全监管也是重要组成部分。

此外，对于水库大坝行业新一代工程师的教育，也是非常值得关注的。目前从事水库大坝工程安全管理的工程师力量有下降趋势，这需要联邦政府从教育入手，加强工程师队伍梯队培养，助力行业可持续发展。

（迪恩·杜基为国际大坝委员会副主席。本文为中国大坝工程学会 2024 学术年会暨第五届大坝安全国际研讨会上《中国三峡工程报》全媒体记者李时宇根据迪恩·杜基发言及对其的采访内容整理而成。文章有删减）

大坝安全需要多方持续投入

——专访西班牙大坝委员会主席卡洛斯·尼诺特

王 璐

　　"面向未来，我们的任务不仅是新建大坝，更要重视现有大坝的安全加固与维护。这要求我们必须提供政策、资金和人才的持续支撑。"2024年9月24日，在中国大坝工程学会2024学术年会暨第五届大坝安全国际研讨会上，西班牙大坝委员会主席卡洛斯·尼诺特以《西班牙大坝工程建设》为题作主旨发言。他表示，人类建设各类大坝的历史源远流长，在当今气候变化背景下，大坝的生态效益和对经济社会发展的重要性愈发凸显，其安全性也必须得到重视。

　　西班牙境内共修建了2400座大坝，其中有375座属于国家所有。这些大坝的总库容达到6亿立方米，可满足全国大约80%的用水需求。通过水库大坝工程的建设，西班牙将自然水资源利用率从10%提高到了40%。卡洛斯·尼诺特介绍道，水库大坝每年所产生的效益，大约是西班牙国内生产总值的3%。

　　在大坝对经济社会发展越来越重要的当下，保持良好的大坝状态需要做哪些工作？政策规范应该如何发力？卡洛斯·尼诺特认为，大坝工程要统筹考虑水、社会、经济和生态系统等因素。他以西班牙政府发布的《2023年水库安全改进行动》为例，分享了政府在大坝潜在风险判断、协作和实施、技术规则设计、施工和调试等方面的规划。

　　提及未来清洁能源规划，卡洛斯·尼诺特谈到，已建大坝的安全也将得到重视，相关领域包括修复和加固、安全研究、培训、投资及治理。

"经验交流是应对大坝安全问题挑战的第一步。与其他土木工程师不同的是，大坝安全工程师经常不得不在突发背景下工作并做出决定。在这种背景下，理论与实践经验交流对于我们充分了解大坝的性能至关重要。"卡洛斯·尼诺特说。

在大会结束后，《中国三峡工程报》特约记者对卡洛斯·尼诺特进行了专访。以下为专访内容。

问：请简要介绍一下，与世界上其他国家的大坝相比，西班牙大坝有何特点？

答：这些年，我们一直在建设大坝。但我们建坝高峰期是在 2000 年以后。在建设过程中，我们采用了很多新技术。而其他国家，比如在美国，工程师们早在 1670 年左右就开始建造大坝。由于时间较早，那时的新技术应用还没有那么多。

因此，我认为技术集成度比较高是西班牙大坝的特点。

问：您能简要介绍一下西班牙大坝的一些技术应用吗？

答：在 20 世纪的最后几年，我们设计并建造了不同类型的拱坝，并围绕混凝土性能优化研发了一些技术。

现在，我认为我们在大坝改造方面做得很专业。例如，我们正在为已建大坝建造新的底孔，修建新的设施，尝试用不同方式加固大坝，并研发其他与大坝修复相关的技术。

问：您能简要介绍一下，信息技术在大坝建设管理中有应用吗？

答：如你所说，我们在建筑信息模型（Building Information Modeling，BIM）相关方面取得了很大进展，也在大坝感知监测等方面取得了长足的进步。根据这些技术，我们可以实时了解大坝的性能信息。西班牙水利管理局正在为此做很多工作。另外，我们也通过无人机监测大坝。

问：您认为大坝工程师们面临的最大挑战是什么？

答：我认为，大坝操作员必须具备的最重要的特质是有智慧，而不只是学习知识。当然知识也需要学习，但工程师要和机组共处几十年，所以要深刻了解大坝的机理性能，对大坝每个变化作出及时的反应。

（卡洛斯·尼诺特为西班牙大坝委员会主席。本文为中国大坝工程学会 2024 学术年会暨第五届大坝安全国际研讨会上《中国三峡工程报》特约记者王璐根据卡洛斯·尼诺特发言及对其的采访整理而成。文章有删减）

有效利用大坝至关重要

——专访时任日本大坝委员会主席 Joji Yanagawa

张志会 ▬▬▬

日本共有 2800 座大坝，水电能源占比约 10%

张志会：日本总共有多少座大坝？

Yanagawa：日本有很多座大坝，目前高度超过 15 米的大坝共有 2800 座。这些大坝有多种用途，有的用于灌溉，多数用于防洪，只有约 10% 的大坝用于发电，这一点和中国不同。

张志会：在日本供电总量当中，水电占比多少？

Yanagawa：日本水电占比 10% 左右，不是很高。

水库大坝的分类建设

张志会：在日本，水库大坝是由谁来负责修建的？

Yanagawa：在日本，土地、基础设施和旅游部门负责修建防洪大坝，电力公司负责建设水电大坝，灌溉大坝则是由日本农林部负责。我们现在很少新修灌溉用大坝。20 年前我们在土地基建和旅游部门，包括地方政府的主导下，我们完成了约 400 座大坝的建设和调查工作，现在建造的防洪管理和多功能大坝已经达到了 70 座。近年来由于气候变化，自然灾害加剧，暴雨频发，所以我们必须采取措施对洪水进行调节，以应对严酷的自然灾害。现在日本正在翻新现有大坝，增加大坝高度，重建泄洪系统。所以我们现在有很多翻新坝。

我们的大坝修建计划通常都是长期的。我们必须经过充分商讨，与利益相关方、民间组织和当地政府等达成一致，才能施工。这是必要的一环。

张志会：你们也建抽水蓄能电站吗？

Yanagawa：抽水蓄能电站都是由电力公司修建的，目的是发电。日本有9家民营电力公司，以及一家大规模售电公司，共10家。日本抽水蓄能电站共45座。电力需求并未高速增长，所以抽水蓄能电站的需求现在也不是特别高。目前日本没有在建的抽水蓄能电站项目。

新建大坝的困难

张志会：现在日本的建坝氛围如何？

Yanagawa：在日本，建坝面临着一些争议，大坝建设耗资巨大，修建一座新大坝很困难。合适的建坝地址在日益减少。此外，如果自然条件恶劣，也不适合新建大坝。总体来说，公众眼中大坝的形象是不好的，是自然环境的破坏者、影响者。公众是拒绝修建大坝的，在日本建大坝很困难。但近几年由于洪涝灾害加剧，而大坝又能有效防洪，因此，公众慢慢地认识到大坝在洪水管理和水电作为可再生能源中的作用。

通过发展坝区旅游等措施，改进大坝公众认知

张志会：日本大坝委员会采取了哪些措施提升日本大坝的公众认知呢？

Yanagawa：首先，我们修建大坝是基于法律的，有专门的大坝设计标准，我们必须遵守这种设计标准，才能修建出安全合格的大坝。同时，

我们每个组织机构、政府、企业都会努力向公众进行解释，努力提升公众对于大坝的认知。如果在某个地区修建大坝，部分群众的住所将被淹没，需要搬迁，还有的虽不至于被淹，但离坝区很近，也会受到影响，我们都要向这些人一一解释，并和当地政府达成一致。只有让所有人都达成一致之后，方可开工建设。

为了提高对大坝的认识，许多大坝的管理人员在位于大坝旁边的行政大楼内提供大坝卡。大坝卡和信用卡一样大，卡上显示了大坝的美丽图片和主要特征，它成为普通人和一些专业人士的收藏对象。此外，一些位于大坝附近的餐馆提供特殊的咖喱菜，分别用米饭和咖喱汤塑造大坝和水库。这些活动吸引了许多普通人来坝区旅游，改善他们对于大坝的认识。

另外，一些对大坝非常感兴趣的人被称为对大坝成瘾的人。他们经常访问大坝网站，并在网站上交换有关大坝的信息，它有助于普通人对大坝作用的理解。不过，与日本人的总数相比，这类人群的数量并不多。

高度重视大坝安全和环保

张志会：日本会因环保问题而拆除大坝吗？

Yanagawa：很少。环保问题十分重要，中国现在也十分重视环保。建设大坝，目的是防洪、供水、发电，如何有效利用大坝最为重要。我们应当更加有效地利用现有大坝，增加大坝高度，打造泄洪系统，采取措施处理水库泥沙沉积。我们还应当延长大坝的使用寿命。日本现在的新项目就在朝这方面积极努力。

张志会：这次会议我们谈到很多大坝坍塌事故和大坝安全，日本在这方面是如何做的？

Yanagawa：我们认为大坝的安全性对日本尤为重要，因为日本有很多大地震，我们必须评估大坝的抗震能力。很多大坝修建已久，甚至超过

50 年，因此我们每 30 年就要对大坝进行一次系统性的全面调查。当然，我们每天每周每月每年都会例行检查。我们要向人们解释大坝并不危险，向公众公布大坝抗震能力和抗涝能力的评估结果。我们会尽力向公众解释大坝不会危及公共安全。

张志会：您对中国的一些超级大坝印象如何，比如三峡大坝。

Yanagawa：我觉得中国的超级大坝非常庞大，发电量世界第一。在 30 年前，日本建了很多的大坝，包括大型大坝，当时中国还没有建很多坝。后来我们和中国搞技术合作，合建大坝，比如 1990 年我们就在辽宁合建了一座观音阁水电站。不过现在中国也开始建很多高坝，建设数量正值巅峰，跟日本 30 年前一样。随着建坝数量增多，中国大坝建设技术也日臻成熟，中国在大坝技术方面发展迅猛。

张志会：非常感谢！

（Joji Yanagawa 时任日本大坝委员会主席。本文为中国大坝工程学会 2018 学术年会上时任三峡集团科研流动站博士后、中国科学院自然科学史研究所副研究员张志会对 Joji Yanagawa 的访谈，原载于《中国三峡》杂志 2019 年第 2 期。文章有删减）

我们希望得到三峡集团的支持

——专访时任埃及大坝委员会主席阿沙夫·俄拉沙

韩承臻

"我是来寻求和中国朋友的合作的。"2016 年 10 月 20 日，埃及大坝委员会主席阿沙夫·俄拉沙（Ashraf Elashaal）接受《中国三峡工程报》记者专访时说。

尼罗河是沿岸各国人民生产和生活的宝贵水源，哺育着数以亿计的人口。埃及人民建设的阿斯旺大坝无疑是这条世界第一长河上的水利明珠。阿斯旺大坝是埃及甚至非洲的骨干性水利工程，在发电、灌溉等诸多方面，发挥着十分重要的作用。阿斯旺大坝及其水库控制着尼罗河宝贵的水资源，为埃及的发展和埃及民众的生活，提供了能源方面的坚强保障。

因为有了阿斯旺大坝，尼罗河沿岸发生了翻天覆地的变化，人民生活质量有了明显提升。"埃及地处北非，那里还有著名的撒哈拉沙漠，如果没有阿斯旺大坝，可能你在埃及看到的景象，如同撒哈拉沙漠一样。所以，埃及民众都非常感谢阿斯旺大坝，使他们能够得到稳定的淡水供给，也使他们能够过上安定富足的生活。"俄拉沙说。

在埃及，人民极为珍视水资源，每一滴水都要得到充分利用。他们在尼罗河上修了五座梯级电站，实现了发电效益的最大化。目前，水电在埃及能源消费结构中所占的比例超过 10%。"我们希望通过开发利用风能、太阳能等资源，把可再生能源比例提高到 20% 左右。"俄拉沙说。

俄拉沙介绍道："埃及大规模开发利用水资源大约从 200 年前就已经开

始了，现在可供开发的新的水电资源已经不多了。我们的当务之急是升级、更新现有的水库大坝，有些年久失修的水库大坝还需要重建。"

"作为国际大坝委员会的成员之一，在过去的 20 年里，我亲眼看到中国水电产业飞速发展，现在已经站在了世界水电行业发展的最前沿，成为世界水电行业的领导者。"俄拉沙表示。

"中国的水电技术是世界上最好的。看看吧，现在世界上最高的大坝在中国，发电量最大的水电站在中国……中国的经验、中国的技术、中国的案例都值得我们学习和研究。从全行业看，建坝的能力、大坝运行管理的能力三峡集团都是最强的。我们需要和中国水电界合作，尤其是要加强与三峡集团的合作，为埃及的水电建设带来新技术和新的管理运行方法。会议期间，我也和三峡集团的同仁们进行了会谈交流。我们希望得到中国，尤其是三峡集团的支持。"俄拉沙说道。

（阿沙夫·俄拉沙时任埃及大坝委员会副主席。本文为中国大坝工程学会 2016 学术年会上《中国三峡工程报》记者韩承臻等对阿沙夫·俄拉沙的访谈，原载于《中国三峡工程报》2016 年 11 月 5 日第 5 版。文章有删减）

信息共享有助于达成社会共识

——专访时任韩国大坝委员会副主席 Bong-jae Kim

张志会 ◼◼◼◼◼

韩国大坝建设概况

张志会：请您简要谈谈韩国大坝建设的历史。

Kim：1910 年以来，我们建了很多仅仅用于发电的大坝。20 世纪 70 年代是韩国经济的迅猛增长期，我们开始建设具有发电、供水和生态环境保护等不同用途的多功能大坝。这些多功能大坝作为重要的基础设施，对韩国经济发展起到了重要作用。

张志会：韩国已建成多少大坝？有多少大坝在建？水电在整个国家能源供应当中占比多少？

Kim：韩国目前有 1800 座大坝和水库，包括一些小坝。根据国际大坝委员会的标准，15 米高以上的大坝，我们目前有 1200 座，水力发电占了韩国总发电量的 0.6%。核电和传统热力发电占了韩国电力供应中绝大比重，核电比重为 30%。目前我们国家没有大规模水电开发潜力。

张志会：有些人认为建大坝具有消极生态影响，反对建坝，甚至认为美国已经开始拆坝。韩国在这方面的情况如何？

Kim：民间组织基于美国的案例，已经提出过拆除大坝的问题。从根本上来说，美国正在拆除那些由于水库泥沙淤积或其他问题，而不再具备供水功能的大坝。在韩国，我们基本上还没有丧失功能的大坝。韩国每座大坝都具有各自的水资源利用功能。也许现在世界上其他地区有一些大坝已经丧失了功用，但我们韩国的大坝或多或少都还在发挥着作用。

政府主导的新建大坝越来越少，未发生"拆坝"运动

张志会：请问韩国大坝建设是由政府主导的吗？

Kim：韩国和中国情况类似，山区众多，70%的年降雨量都集中在6月到9月的雨季，所以我们需要大型的水利基础设施，比如大坝水库。以往是中央政府主导新修大坝，但当前没有这类项目，因为非常困难。之所以目前中央政府不再主导大坝建设，原因有两个：一是韩国水供应系统基本靠水库供水。大容量供水系统是跨城域供水系统之一。我们的大坝或水库供水的能力几乎已达到了百分之百，能够完全满足需求。二是韩国民众和环保组织目前对新建大坝持负面态度。目前我们国家没有大规模水电开发潜力，没有大坝在建。在全球气候变化的背景下，韩国正寻找其他机会来取得进展。我们正在参与或考虑由当地政府或社区主导大坝建设。这种情况下，中央政府会支持当地政府对新建大坝进行决策，韩国水资源公社也在参与这些工程。这是获得社会认可或社会共识的重要因素之一。

大坝实施分类管理

张志会：韩国大坝管理是按照规模大小进行分类管理吗？

Kim：在韩国，大坝是按照功能来分类的。根据韩国的相关规定，韩国水资源公社负责管理韩国多功能大坝在内的水资源基础设施，包括具有发电功能的多功能坝，该组织会将这些大坝生产的水电输送到国家电网当

中。韩国农业部或者韩国农渔村公社来管理农业用水库，比如一些小型水库。韩国电力公社集团（类似中国国家电网）发电分公司作为韩国电力公社集团的五个子公司之一，负责运营管理水电站和核电站。

2018 年 6 月以前，韩国水资源公社归韩国国土交通部管辖。但目前，环境部负责所有与水相关设施的管理，韩国水资源公社已由环境部管辖。这是由总统的重要讲话导致的，因为政府希望将水量和水质管理相结合，所谓"水务管理一元化"，所以这是韩国水资源管理的一个重大变革。

中央政府和企业共同推动水资源基础设施项目的公众认知

张志会：在过去几十年，韩国公众对大坝的认知是否存在一个转变的过程？

Kim：20 世纪七八十年代时我们非常穷，那时公众对大坝建设比较支持，当然也不是完全没有消极态度。随着韩国民众生活水平的逐渐提高，他们的生态环境保护意识也逐渐提高。从 20 世纪 90 年代开始，民间组织在生态环保方面日渐活跃，所以我们认为公众意识对大坝发展越来越重要。

张志会：当前在韩国，公众是否认为水电是清洁可再生能源呢？

Kim：韩国人对于水力发电项目通常持消极态度，因为水力发电不可避免地会带来一些生态环境问题，所以这对于水力发电项目来说是一个巨大的挑战。单纯水力发电的大坝项目在 20 世纪 90 年代之初就停建了。我们的发电政策方向从水力发电转向了传统的热力发电或其他可再生能源。

张志会：让民众意识到大坝作为基础设施对他们日常生活的意义是一件非常重要的事情。那么，在韩国是哪些部门和团体在推动大坝的公众认知呢？

Kim：中央政府和企业共同推动水资源基础设施项目的公众认知。具体来说，中央政府主要负责财政预算和法规，而水资源公社这样的企业则重在行动和执行。我们一直致力于设计环保型的相关大坝工程，并通过开展一些帮助大众理解大坝的项目，提升大坝项目的公众认知。主要有三个措施：第一，补偿水库移民；第二，新建桥梁，为移民建立建设新的基础设施，帮助当地发展，每年我们平均会资助4000万美元到7000万美元，帮助当地修建小型大坝，这也是帮助当地社区的社会服务型预算；第三，财政资助，每年我们从水资源销售收入中拿出0.6%，从电力销售收入中拿出20%，用来资助坝区，提升当地人的生活水平。因为有收入，当地居民都会非常满意。

张志会：福岛核电站事件对于韩国水电发展有什么影响？

Kim：由于福岛核电站事件，韩国政府不再专注核电，转而特别重视发展清洁可再生能源。但福岛核电站事件对韩国水力发电没有产生直接影响，韩国的公众对于建坝仍持消极态度。

致力于大坝信息共享和公开透明

张志会：你们水资源公社是如何就大坝的社会认知进行公众教育或公共沟通的？

Kim：我们公司有5000人，我们每个人都在尽自己的责任去教导公众。我们每座大坝都有一座现代化的游客中心，通过形象的图片和多媒体手段，来引导公众知道这些水库如何为公众所用，如何向公众供水。目前我们专注于大坝信息的共享和公开透明，告诉公众我们为什么要建大坝水库，这对当地居民来说也是一件非常大的事情。我们正在专注于支持地方政府或社区发起新建大坝的倡议。在这一过程中，我们与社会公众非常努力地达成社会共识。这就是我们与社会公众达成共识的主流做法。

张志会：在您看来，韩国和日本的大坝发展有何不同？

Kim：2016年之前韩国没发生过大地震，但2016年和2017年我们发生了超过了历史震级的大地震，因此韩国现在对地震非常重视。日本建坝经验比我们丰富，技术比我们好，值得我们学习，但我们也拥有了自己的技术。韩国之前重视建设新的水资源基础设施，但重心现在转向了水资源循环利用、雨水收集等，减少水资源流失；同时，重新评估现有水资源基础设施，并对其升级改造，以更好地加以管理。这也是我们应对公众对大坝消极认知的主要政策。

张志会：您对于改进三峡工程的公众认知有何建议？

Kim：其实我对于三峡大坝没有很深入的了解，但我建议中国政府或三峡大坝运营方能够向公众、向专家更公开透明地分享相关信息，这是提升大坝的公众认知的方法之一。

张志会：非常感谢！

（Bong-jae Kim 时任韩国大坝委员会副主席。本文为中国大坝工程学会 2018 学术年会上时任三峡集团科研流动站博士后、中国科学院自然科学史研究所副研究员张志会对 Bong-jae Kim 的访谈，原载于《中国三峡》杂志 2019 年第 2 期。文章有删减）

电力企业应更加主动引领能源绿色转型

——专访葡萄牙电力公司董事会主席安东尼奥·洛波·泽维尔

商 伟 ▬▬▬▬

2024 年 12 月，葡萄牙电力公司（以下简称"葡电"）董事会主席安东尼奥·洛波·泽维尔一行访问三峡集团。在参观三峡工程期间，泽维尔接受记者专访，就水利水电工程综合效益、能源企业引领转型发展、葡电与三峡集团合作前景等话题分享观点。

"三峡工程的效益远不止于能源供应"

来访期间，泽维尔参观了三峡坝区生态修复保护区和三峡工程发电、通航等设施。

在泽维尔看来，通常人们谈起能源项目，就会想到水轮机、风力涡轮机、地热发电等关键词，然而在说到三峡工程时，如果只谈论有关能源的话题，显然只是看到了工程的一小部分。"长江流域需要三峡工程提供稳定和可持续的能源，但这并不是这项基础设施的唯一任务，它的效益远不止于能源生产。"泽维尔表示，建造三峡工程极大地保护了长江沿线的居民，使他们免受洪水之患，这是三峡工程，同时也是三峡集团的社会责任。

在实地了解三峡库区珍稀鱼类和植物保护的实践和成效后，他感慨："从未在世界上见到过这样一个保护濒危物种的庞大项目。你们不仅保护了中华鲟这个物种，还关注它们生活的每一个细节，在实验室研究它们的整个生命周期。"他表示，这些对公众也是一种科普教育，帮助他们了解保护自然的重要性。

处于长江干流上的三峡工程，对保障航运安全非常关键。泽维尔表示，中国有许多城市的人口比整个葡萄牙还要多，而这些城市的供应链依赖河流运输，三峡工程在提供电力的同时，大大改善了河流的通航条件。"（在双线五级船闸）我看到了在长江上下游行驶的船只，它们运输各种物资，包括巨大的设备、原材料等，这些供应对于居住在河流附近的数千万甚至数亿人口来说至关重要。"

"我们的理想是推动能源转型"

葡电作为欧洲乃至全球有影响的能源企业，正在实施"能源转型引领计划"，致力于促进伊比利亚半岛乃至更广泛地区的可持续发展。

在过去 20 年里，葡电设定了一些宏大的目标：推动葡萄牙在 2025 年前停止使用化石燃料发电，在 2030 年实现碳中和、2040 年实现零碳排放。

在泽维尔看来，"能源公司应当引领这场转型，如果能源公司不这么做，那么其他公司就不会进行转型。所以我们设定了这些非常宏大的目标，并且将努力实现这些目标"。葡电在全球 30 多个国家和地区建设太阳能和风力发电站，以此推动能源转型，使居民免受气候变化影响，保护地球家园。

同时，泽维尔从经济价值的角度分析了对能源转型的认识。未来 20 年，能源对实现人类社会发展目标至关重要，能源企业要做好为其他领域提供清洁能源的准备，为其他行业发展奠定基础。因此，能源企业必须在心怀宏大目标、完成保护自然使命的同时，保持自身高效运行、取得收益和盈利，确保能够以合理的价格生产和提供绿色能源。

"双方拥有具有长远眼光的合作关系"

泽维尔回顾了 10 多年前双方合作的缘起，对三峡集团的加入记忆犹新。当时全球有几家企业试图成为葡电的合作伙伴，其中三峡集团更能从长远的角度看待问题并提出解决方案，而且愿意直面当时的困难局势，这些都成为葡萄牙政府及葡电选择三峡集团作为合作伙伴的重要因素。

谈起葡电与三峡集团的合作，泽维尔用"像船的锚一样稳固"来形容。"三峡集团是葡电最大的合作伙伴（单一最大股东），就像船的锚一样稳固。双方拥有长期的合作关系，这有助于公司的增长，增强公司的稳定性。三峡集团在某种程度上充当了葡电的守护者，甚至能在葡电遇到风险时提供支持。"

在参加双方管理层的交流时，泽维尔分享了管理运营经验、讨论了风险框架和技术创新应用，对彼此作为合作伙伴取得的成就给予肯定。展望未来，泽维尔先生表示，葡电将继续与三峡集团这位长期合作伙伴一起前行。"双方建立了信任关系，我们对合作非常满意，并打算继续与三峡集团保持这种牢固的合作关系。"

（三峡国际郭琰对本文亦有贡献。安东尼奥·洛波·泽维尔为葡萄牙电力公司董事会主席。本文为《中国三峡工程报》特约记者商伟对安东尼奥·洛波·泽维尔的访谈。文章有删减）

小浪底工程　摄影／周顺

高坝洲水电站

夜色丹江坝　摄影 / 霍国军

新安江水电站（视觉中国）

水布垭大坝泄洪削峰　摄影 / 张厚渊

鸟瞰丰满发电厂　摄影 / 王喜春

第二章
中国实践：
可持续水电工程高质量发展

要让公众科学全面地认识水库大坝的功能和本质，与公众进行有效沟通，让水库大坝在公众认知的基础上更好地服务社会。

导　读

　　为进一步增强社会公众对水库大坝的科学认知，营造水利水电行业良好的舆论氛围和社会环境，中国大坝工程学会水库大坝公众认知专委会自成立以来与中国大坝工程学会年会同步举办学术论坛，联合政府主管部门、行业专家、知名媒体等，先后围绕"水库大坝安全的公众认知""水库大坝和人水和谐""更好的大坝造福更好的世界"等主题开展研讨，与会中外专家从不同角度发表演讲，为进一步提高社会公众对水库大坝的科学认知建言献策，努力将论坛培育成为水利水电行业、主流媒体与社会公众的沟通平台。

汤鑫华：水库大坝本身就是环境保护工程

韩承臻

2017 年 11 月 10 日，在湖南长沙参加中国大坝工程学会水库大坝与公众认知论坛的中国水利水电出版社社长汤鑫华在接受本报记者采访时表示，水库大坝本身就是环境保护工程。

客观看待水库大坝的综合效益和副作用

谈到建设大坝水库的必要性，汤鑫华说，古今中外的大量实践证明，水库大坝有诸多正面作用。不论是对生产、生活，还是对生态，水库大坝都是利大于弊的，对此应有正确认识。

三峡水库拦蓄上游来水缓解防洪压力

比如防洪抗旱。严重的洪涝会冲毁地表各种自然和人造景观、威胁一切生物的生存，而严重的干旱能导致植物大面积干枯、死亡，这些极为严重的破坏现象在我国是频繁重演、此起彼伏的。要想避免灾害，就必须因地制宜地建设大量水库大坝。又比如水土保持。目前，我国仍有 300 余万平方公里的国土处于水土流失状态。不管它是自然因素还是人为因素造成的，这是我国陆地上最为严重的环境破坏现象。建设水库大坝，能够涵养水土，促进动植物的生长和生态的改善。此外，水库大坝还有径流调节、城乡供水、农业灌溉、水上航运等综合效益。

同时，也应该注意水库大坝也可能产生的副作用。第一，水库淹没耕地，并导致大量人口迁移和城镇迁建；第二，水库蓄水后，库区水体流速减缓、扩散稀释和复氧能力下降，促进水体污染；第三，蓄水改变库区及中下游水生生态系统的结构和功能，一些珍稀、濒危物种的生存条件可能恶化；第四，水库运行后，泥沙淤积将对回水影响地区的防洪不利；第五，水库蓄水后，库区水面抬高加宽，上游沿河文物古迹可能被淹没，部分自然景观也会受到一定影响。

对于上述可能出现的副作用，国内外的水库大坝建设、运营者已经制定了许多应对策略。实践证明，效果也是好的。水库大坝可能产生的副作用，只要认真应对，都能加以避免或者消除，至少可以大幅度减轻。

对水库大坝的错误认知与水库大坝的科学普及和正面宣传不足有关

汤鑫华指出，当前，社会上存在一些针对水库大坝的误解、误传。究其原因：一方面，许多人对水库大坝的特性、利弊缺乏科学认识；另一方面，有些人自己不够专业，却又有意无意地错误宣传甚至丑化诬蔑水库大坝。两者都与水库大坝的科学普及和正面宣传不足有关。我们考问水库大坝，要避免这样一些误区：

——以偏概全。例如，把个别地区、个别水库、个别时段出现的问题推广到所有水库、任何时刻。

——缺乏根据。例如，不经分析、验证，就把他人言论或资料当作自己擅下结论、主观判断的依据或论据。

——言过其实。例如，夸张地宣称水库将会造成一些天然物种的灭绝（事实上，迄今为止没有任何例子说明任何物种的灭绝系大坝建设所致）和民族文化的倒退。

——主观臆断。例如，有意无意地给社会造成这样的印象：所有（起码是多数）大坝建设者都只顾经济效益和自身需求，无视生态的破坏，不受社会的约束。

——以物为本。例如，罔顾人口众多、城镇密布的社会现实，把河流的自由泛滥视为需要保护的自然生态现象。

——本末倒置。例如，对于水库水面的水华、蓝藻现象的出现，不去寻找污染源，而是一味责怪大坝。

不加区别地、一味地阻挠水库大坝建设，实际上是在阻止环境的保护与改善。社会上还有这样一种不容忽视的思维，它在客观上把水库大坝的建设同环境保护看成没有关联的两码事，甚至将它们对立起来。就是从事水库大坝建设的人，也有一部分没有意识到，水库大坝建设运行在一定程度上其实就是一种环境保护措施。

事实上，大多数水库大坝本身就是环境保护工程。认识到这一点对于我们社会公众来说很重要，因为摆在我们面前的现实是，没有水库大坝的存在，人类社会就会经常受到水旱灾害的威胁乃至伤害，生态环境也会受到相应的破坏。

汤鑫华指出，很多情况下，没有水库大坝的存在，水资源时空分布不均会使环境本身处于破坏、恶化状态；而建设了相应的水库大坝，人类就可以对恶化的环境进行适当的、向好的干预。从这个意义上讲，不加区别地、一味地阻挠水库大坝建设，实际上是在阻止环境的保护与改善。

（汤鑫华时任中国水利水电出版社社长。本文为中国大坝工程学会水库大坝公众认知专委会 2017 年水库大坝公众认知论坛上《中国三峡工程报》记者韩承臻对汤鑫华的访谈，原载于《中国三峡工程报》2017 年 12 月 2 日第 3 版。文章有删减）

水库大坝水电站的生态文明作用

张博庭

水库大坝水电站的生态文明作用主要体现在水资源调控、发电和航运方面。其中，最重要的是水资源调控。早在电力发明之前，水库大坝这种水资源的调控手段，就被广泛地应用了。

人类是自然界的一分子，其生存和发展当然也需要从自然界中索取。因此，任何人类文明活动必定会对生态系统产生一些改变。

水库大坝对生态环境的影响和改变，效果是很好的。我们知道，很多水库大坝建成后，都会形成风景秀丽的水库风景名胜区。

为什么会出现水库大坝对生态环境只有破坏作用的观点呢？这个观点产生于 20 世纪 60 年代，有其当时的历史原因。而当这一时代过去后，这种舆论本应退出历史舞台，但仍有一些人持有这些观点。地球上的资源确实是十分有限的，要想可持续发展下去，可以有两种选择：一种是尽管资源有限，但要首先容许欠发达国家的民众享受到现代文明成果，然后再通过科技进步和改变消费习惯，共同约束我们的消费行为，实现世界的可持续发展；另一种是保持目前极少部分人挥霍着大量资源，让绝大多数的人处于欠发达状态。这需要我们做出正确的选择。

还有一些观点认为，欧美的发达国家，不仅不再建设水库大坝，反而进入了拆坝时代。把水库大坝建设说成是一种发达国家以前犯的错误，希望发展中国家不要再走他们"建了再拆"的老路。不过，这种违背事实的说法，很难令人信服。欧洲的情况非常明显。欧洲在治理莱茵河严重水污染时，采取了很多措施，使生态水平恢复到二战以前，但没拆过任何一座坝。因为，莱茵河上的150多座大坝，无论拆掉其中的哪一座坝，都可能会对现有的水资源调控或者航运系统构成威胁。

美国的大坝数量比较多，大坝到期退役的情况自然也就更多一些。因此，说美国不仅不建设大坝，反而进入了拆坝时代的宣传似乎颇有论据。实际上美国拆掉的大坝，几乎都是功能已经丧失、应该退役的小水坝。美国所有拆掉的几百座大坝，平均高度不超过5米。

美国内华达州胡佛大坝 （图虫创意）

到了2002年的联合国地球峰会上，一些非洲国家提出，如果不允许他们开发大型水电，他们只能依靠排放更多的碳来改变贫困。在权衡之后，峰会一致同意恢复大型水电的可再生能源地位。

这也比较容易理解，水电站清洁发电的作用和影响是国际性的。不像水库大坝的水资源调控和航运功能的效益，几乎都是局限在本流域。如果，不容许开发建设水利工程，受到损害的将是全人类、全世界。所以，在这个问题上即使那些狭隘的"环保主义者"，也不得不做出让步。

百分之百地实现可再生能源供电，很多国家已经做出了成功的尝试。水电资源非常丰富的挪威，几乎一直都是利用水电，满足99%以上的用电需求。在可再生能源应用方面比较成功的例子是葡萄牙，2018年3月实现了全月100%可再生能源供电，其中水电和风电分别占55%和42%。水能资源丰富的国家，确实具有实现百分之百由可再生能源供电的天然优势。

值得庆幸的是，我国的水电还有巨大的开发潜力和发展空间。不仅如此，根据我国其他可再生能源资源的潜力估算，我国风能的开发最终所能提供的电量，至少应该等同于水电，而太阳能发电所能提供的电力，至少应该是水电、风电的几倍。所以，即使按照目前可再生能源开发技术水平来看，我国实现百分之百的由可再生能源供电，也是没有问题的。

在这一点上，欧洲和美国的一些能源研究机构，在探讨实现《巴黎协定》的可行性的时候，也得出了相同的结论。他们认为即使按照目前的技术水平和资源禀赋来分析，美国、中国等主要国家在2050年就实现百分之百的由可再生能源供电，无论在技术上还是在经济上都是可行的。由此可见，水电的资源禀赋和快速发展确实可成为我国实现2030年的减排承诺，以及《巴黎协定》的最基本保障。

总之，科学合理的水库大坝水电站建设不仅不会破坏生态，而且还是当前人类社会最重要、最紧迫的生态文明建设。无论是我们的国家，还是整个世界，要想实现生态文明和可持续发展，都离不开水库大坝和水电的科学开发和建设。

（张博庭时任中国水力发电工程学会副秘书长。本文由中国大坝工程学会水库大坝公众认知专委会2018年水库大坝公众认知论坛专题发言整理而成，原载于《中国三峡》杂志2018年第11期。文章有删减）

重构新的平衡

——更好地发挥水库大坝在流域综合管理中的作用

程晓陶

三峡工程转入正常运行以后，长江流域形成的自然—社会—经济复合系统需要经过一个过渡时期来重构新的平衡。这是一个利害关系重组、风险和机遇并存的过程。事实上，长江中下游大量湖泊湿地消失、生态系统失衡由来已久，而三峡水库的建成运行及长江上游水库群的形成，从积极的角度看，为长江中下游生态系统的修复创造了有利的条件。

从这个角度看，推进生态修复型分蓄洪区的建设就有可能成为三峡工程运行后促进系统重构新平衡的另一颗砝码，加之三峡工程本身调度运行规则上的优化调整，将有利于使水库大坝在流域综合管理中发挥更大的作用，增强对极端洪水的调控能力与对气候变化的适应能力。

我们国家正处在一个快速发展的时期，如何取得保护与发展的平衡需要各方面认真对待。今天我就谈一下为了重建新的平衡，如何能够更好地发挥水库大坝在流域管理中的作用。

人类为了生活得安定与美好，总是希望构建一个有序而不是混乱的社会，希望生存在一个相对稳定，而不是无所适应的环境之中，这是人类永恒的追求。也许有人说不一定吧，比如说在某些历史发展阶段，我们就是需要打破一些旧的秩序。然而我们注意到，就是在那样的阶段，那些革命的先驱者们，他们其实并不是仅仅考虑如何打破一个旧制度，他们更关注的是如何构建一个新社会。

我们知道民主革命的伟大先驱孙中山先生，在1917年那样一个混乱的年代，他在思考，他写出了《建国方略》，其中就提出来要在长江上建设三峡工程："改良此上游一段，当以水闸堰其水，使舟得溯流以行，而又可资其水力。"

我坐飞机飞过长江时拍过一张照片，黄昏中俯瞰长江中下游逶迤的河道。我为这张照片写了几句话："庐山暮色渐隐去，鄱阳秋水泛霞辉。大江映日显神韵，东方巨龙欲腾飞。"今天我们是生活在东方巨龙要腾飞的时代，来讨论怎样才能在一个更高的水平上，构建一个有序和相对稳定的生存环境。

平衡如何做到？

一个社会的有序与相对的稳定，可能被某些特定环境要素的变化所扰乱，也可能被人类本身的发展或重大行为所打破。一旦这些环境要素的变化超出了一定的限度，就会给人类及生态系统带来不利的，甚至是灾难性的影响。如果这种影响只是短暂的，那么受损害的生态系统依靠自我修复的功能，一般可以回归到通常的状态；但是一旦这种变化成了不可逆的过程，人类社会及生态系统就要通过自身的调整和必要的干预来重构新的平衡，以满足生存与发展的需求。

我这里举一个淮河的例子。历史上黄河夺淮，大量的泥沙把淮河的入海尾闾给封堵了，迫使淮河在中游形成了洪泽湖等一系列湖泊，最后不得不掉头南下，入了长江，这是一个巨大的变化，使淮河平原成了洪涝灾害深重的地方。其后淮河水系又经历了一个重构平衡的调整过程，为此我们在淮河上游修了很多的水库来拦蓄洪水，沿着干流设置了很多的行蓄洪区来削减洪峰等，又重新构造出一个人与洪水能够共存的环境。

人类本身的发展也会打破自然界固有的平衡。我们知道当今世界人口爆炸及快速工业化、城镇化这样一些情况。我们国家的人口，在几千年的历史中未超过一亿，从清朝开始增长了，突破了两亿、三亿、四亿……这是一个过去从来没有的现象。今年大家都在谈气候变化，说近百年来的全球温暖化，达到了过去千年所未有的高度，这个增温的过程与当代的工业化、城镇化发展的过程是相吻合的。因此，有人认为这是人类自身造成的。

工业革命以来，人类征服、改造自然的能力不断增强。100年前全世界人口只有16亿，可是在20世纪短短的100年里就增长到60亿；100年前全球城镇人口所占的比例只有10%，可现在就超过了50%，而且绝大多数的发达国家在1970年之前城镇人口占的比例就超过了70%。现在全球人口上升到了近80亿，新增的人口主要体现在城市里，特别是在发展中国家，人口增长更多地伴随着人口向城市聚集的过程。

在这一过程中，人类社会用水需求量与用水保证率不断提高，粮食需求、能源需求急剧增长；随着人与水争地的矛盾不断激化，防洪安全保障的要求也在不断提高。

我在飞过俄罗斯上空时也拍摄过俄罗斯的河流，可以看到在它的流域中生活的人很少，河流可以自由流淌泛滥。但是在我们国家，我们一定会沿河修筑起堤防，将过去洪水泛滥的地方改造成供人类生存的农田、村镇和城市。

在过去60年间我们已经4次加高了黄河大堤，每次加高约1米，在河流的中上游还修建了许多的水库。在这个过程中间，水库大坝的建设实质上是为了满足人类发展日益增长的需求，去构建一个自然界本身已经无力提供的新的平衡。

水库的建设不仅为我们解决防洪安全、能源安全等一系列问题，而且今天它也在为构造新的生态系统平衡作出贡献。

现在黄河正在利用小浪底水库进行调水调沙。简单说就是黄河每年有大量的泥沙会淤积在水库与河道中。小浪底水库在每年汛前要通过底孔泄流，把淤在水库里的泥沙泄到下游。但如果只是这样泄，下泄的泥沙就会淤在下游的河道里。而调水调沙是要通过表孔下泄的清水和浑水对接，人为调控泥沙的级配，这个级配不仅有助于将泥沙一直送入大海，而且还能刷深并恢复下游河道主槽的行洪能力。

经过十年的实践，黄河下游河道主槽的行洪能力已经从 2000 立方米每秒，恢复到了约 4000 立方米每秒至 5000 立方米每秒。这就说明，通过科学的调度，水库能够为构造新的平衡发挥重要的作用。

机遇与风险并存

水库大坝的修建使河流在更大程度上由天然系统演变成一个自然—社会—经济的复合系统。这个复合系统在人类和自然双重力量作用下，需要经过一个过渡过程来重构新的平衡。这个过渡过程是不可少的，而且这个过渡过程是一个机遇和风险并存的过程。

我们也不否认，大坝的建设确实会打破自然界固有的平衡。天然河流是自然的一种形态，水库大坝在开发水能、增强水资源的调配能力及对洪水的调控能力的同时，确实也改变了天然河流的自然形态和节律，在一定程度上打破了河流生态系统固有的平衡。

我们今天要讨论的话题是如何重构长江新的平衡。在重构平衡过程中，有些问题是难以避免的。比如在三峡库区，由于当蓄水蓄到 175 米以后，会形成一个涨落带，涨落带里的植被会退化。

重构平衡的过程是利害关系重组的过程，也是风险和机遇并存的过程。

在这里关键的问题在于如何重构新的平衡。比如说河流生态系统固有的平衡因为水库大坝的修建被打破了，解决的办法是什么呢？要么拆除大坝来恢复建坝前的状态，但是这种"平衡"，即使没有大坝，快速发展本身也会将其打破。另有一种思路，就是我们上哪里再去找到一些砝码，加到天平的另外一端——重构新的平衡。这时我们会发现，虽然系统也恢复了平衡，但是这时系统的承载力不一样了，而这个不恰好是我们今天在快速发展中所特别需要追求的吗？

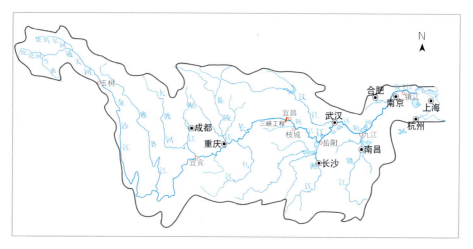

长江中下游水系分布图

寻找新的"砝码"

三峡工程开始正常运行，实际从某种意义上是为长江中下游生态环境修复创造了条件。因为过去我们要恢复一些重要的通江湖泊是不可能的，因为长江的水位非常高。但是现在经过三峡水库的调蓄，下游的洪峰水位就没有那么高了。这就有可能恢复一些通江湖泊，增强对长江洪水的吞吐能力，并增强了对洪水风险的承受能力，为化解发电与防洪、航运、水产等需求之间的矛盾创造了条件。

一个重要的问题是我们上哪里再去找到一些新的"砝码"呢？我还注意到一个现象，就是长江中下游生态环境的演变，其实是由来已久的。过去长江两岸绝大多数 10 平方公里以上的湖泊都是通江湖泊，数量超过 100 多个。19 世纪以来，随着人口的增长，人与水争地的压力越来越大，沿江连续性堤防逐步建成。现在除了洞庭湖、鄱阳湖两大淡水湖泊之外，其他通江湖泊几乎全部被切断了与长江的天然联系。洞庭湖的面积在 19 世纪初有 6000 平方公里，到 1949 年就减少到 4350 平方公里，而到 1995 年又减少到 2625 平方公里。未建三峡工程之前，洞庭湖的面积一直都在萎缩。

通江湖泊锐减及湖泊水面的萎缩还带来一系列问题。一些洄游和半洄游鱼类失去索饵场、繁殖场、育肥场，成为长江鱼类资源和大多数湖泊鱼类多样性显著降低的重要因素。一个典型的实例是白鳍豚的消失，实际上，在三峡水库蓄水之前长江中就已经找不到白鳍豚了。湖泊与江河交流水量减少，湖泊缺少涨落区，湿地面积的质量大大下降，浅滩等多种类型湿地丧失，原有的生态系统遭到破坏，生境单一化使得湿地对污染的生物降解能力下降，以致更易于形成富营养化现象。

同时由于防洪范围的扩大，可起天然调节洪水作用的通江湖泊大为减少，汛期大堤间洪峰水位抬升，洪水高水位持续时间大大延长，防汛抢险的压力也在大大增加。长江中下游在 20 世纪有好几次大洪水，1931 年、1935 年、1954 年洪水的淹没区域都很大，但是 1998 年大洪水淹没范围就明显减少了。

这是我们的堤防建设起了作用。但是这样的结果是什么呢？是长江的洪水在两个大堤之间的水位越来越高。1998 年宜昌下来的最大洪峰流量只有 6 万多立方米每秒，和历史上相比，1860 年、1870 年在宜昌都出现过 10 万以上立方米每秒的洪峰流量。但是 1998 年几乎全线洪水水位都创了新高，最明显的是洪湖这一段，洪水甚至超过了堤顶高程。

这时我们就可以思考一个问题了，三峡工程开始正常运行，实际上从某种意义上是为长江中下游生态环境修复创造了条件。因为过去我们要恢复一些重要的通江湖泊是不可能的。但是现在经过三峡水库的调蓄，下游的洪峰水位就没有那么高了。这就有可能恢复一些通江湖泊，增强对长江洪水的吞吐能力，并增强了洪水风险的承受能力，为化解发电与防洪、航运、水产等需求之间的矛盾创造了条件。

长江中游为了防御特大洪水设置了很多分蓄洪区。在 20 世纪 50 年代初期，在考虑怎么解决长江洪水的问题时，认为全线加高堤防来不及，修水库还不具备条件，当务之急就是设置分蓄洪区。所以 1953 年就开辟了荆江分洪区，1954 年长江发大水就用上了。现在长江上游已经建成了三峡工程，还在修一系列的水库。这个形势以后会怎么样？

我国的分蓄洪区不仅是防洪工程体系的重要组成部分，也是老百姓生存的家园。实际上分蓄洪区本身也碰到很大困难，老百姓要筑高台建房，而且发展受到很大限制。分蓄洪区的发展模式有两种，且各不相同。一种是传统模式，就是为了应对特大洪水要牺牲局部保重点。平时要限制一些社会经济的发展，国家花资金去安排当地的安全建设，一旦分洪运用要为受灾群众提供经济补偿。即使三峡工程建成后分洪概率降低，但是风险依然存在，而且越往后矛盾越突出，尤其区域之间、人与自然之间的矛盾。因此这种模式并不利于可持续的发展。

现在还有一种模式叫"生态修复型模式"，即通过挖低填高，变稀遇分洪为常年调洪，长江高水位时纳洪，低水位时回补河道；鼓励分蓄洪区发展湿地经济、生态经济、旅游经济等；通过对土地利用方式与生产、生活方式的调整来增强对特大洪水分洪的适应能力和承受能力，这样才有利于构筑和谐社会，实现可持续的发展。

结论是什么呢？

结论是三峡工程转入正常运行以后，长江流域形成的自然—社会—经济复合系统需要经过一个过渡时期来重构新的平衡。这是一个利害关系重组，风险和机遇并存的过程。事实上，长江中下游大量湖泊湿地消失、生态系统失衡由来已久，而三峡水库的建成运行及长江上游水库群的形成，从积极的角度看，为长江中下游生态系统的修复创造了有利的条件。

从这个角度看，推进生态修复型分蓄洪区的建设就有可能成为三峡工程运行后促进系统重建新的平衡的另一颗砝码，加之三峡工程本身调度运行规则上的优化调整，就有利于使水库大坝在流域综合管理中发挥更大的作用，增强对气候变化的调控能力与适应能力。

（程晓陶时任中国水利水电科学研究院副总工程师。本文由中国大坝工程学会水库大坝公众认知专委会 2019 年水库大坝公众认知论坛专题报告整理而成。文章有删减）

可持续水电与公众认知

施国庆

进入 21 世纪，人类面临更加严重的资源危机、环境恶化、气候变化等全球性问题。为缓解能源需求压力，保持经济增长，应对气候变化，优先发展水利水电已成为国际共识。

近 20 年来，中国水利水电产业突飞猛进，在世界水利水电行业中实现了从"追随者"到"领跑者"的巨大飞跃，不仅成为全球水利水电装机规模最大的国家，也成为当今全球水利水电建设技术最为先进的国家。水利水电"走出去"已成为中国参与"一带一路"建设的重要方式。

中国企业"走出去"存在如下一些现状和新趋势：投资规模不断扩大；从贸易活动为主到贸易、投资并重；从工程承包为主，到工程承包与开发投资并重；投资形式多样化。

中国企业"走出去"出现新的重大变化，从过去的 EPC 工程建设承包模式，向投资开发和建设承包并重模式转变。投资活动是"落地生根"式长期建设、经营、运行管理模式，有建设—经营—转让（BOT）、股份制等多种形式。BOT 模式有很多新的挑战和问题。同时，中国企业项目所在地区不少是高风险地区，投资环境和项目建设运行条件不是很好。

因此，在中国企业海外投资项目中，往往伴随着投资项目经济、政治、资源、社会与环境等多种问题交织在一起，已经出现了很多风险项目，今后还会继续有新的风险产生。

但是，中国企业在海外电力市场仍将大有可为，并将面临三大历史性机遇。一是海外新建电力项目刚性需求的机遇。从长远来看，海外电力需求仍将继续增长，但增长速度将趋缓。二是中国提出的"一带一路"倡议带来电力互联互通新增需求的机遇。"一带一路"共建国家中，相当多的国家是发展中国家，电力比较缺乏，而这些国家绝大多数也正是中国企业开拓的传统海外电力市场。三是全球现有电力装机更新改造需求的机遇。到2040年，全球约有占现役装机容量40%的机组将退役，随之而来的便是电站的更新与改造。以经济合作与发展组织（OECD）国家为例，这些成熟电力市场的煤电、气电、油电和核电装机中约30%使用年限已超过30年，无法满足正常运行和逐渐提高的环保要求，设备更新需求将变得更迫切。

随着中国水利水电走出去，中国参与海外水利水电开发的模式也在变化，出现了三个新趋势。

一是强强联合、集体出海。例如，位于马来西亚砂拉越州的沐若水电站是马来西亚最为重要的能源设施之一，满足了马来西亚西部绝大多数地区的能源需求。这一项目就是由中国企业联合打造的。其中，中国三峡集团子企业三峡发展公司对外牵头，负责执行"设计、采购、施工"总承包，由国内一流的设计方长江设计院负责设计，由具有丰富施工经验的中国水利水电八局负责施工，由在马来西亚东马地区打拼多年并已经建立了良好关系的中国机械设备进出口公司负责设备采购。

马来西亚沐若水电站（资料图片）

　　二是从单一水利水电开发迈向全流域开发。因为中国有着丰富的流域开发经验，以及同时管理同流域多个大坝的经验。目前，中国企业海外签署水利水电大单时已经更多地拿到全流域开发合同。

　　三是水利水电建设运营同金融支持并进。水利水电开发需要巨额资金支持，但这恰恰是水利水电资源集中的亚洲、非洲、拉丁美洲大多数国家的瓶颈。

　　公众认知是水电开发中亟须加强的领域。原因有四个：一是社会对能源、水电、大坝有许多错误的认知；二是水利水电行业没有制度和机制安排来改善公众认知，其实应该有一个平台，来统筹协调政府部门、水利水电企业、研究机构、社会组织的利益和关切；三是缺少与公众、社会沟通的机制和人才，包括没有公共关系部门、没有公众沟通机制、没有公众沟通规范和指南、缺少公众沟通的人才和费用预算等；四是在海外水利水电项目开发、建设项目中，对公众沟通活动恐惧、对社会环境陌生。

要解决公众认知问题的路径，就要做很多工作，如加强对公众认知重要性的认识、加强对公众认知问题的调查分析和科学研究、分析识别不同利益相关者的认知需求、制定公众沟通法规规范和指南、建立公众沟通机制、加强培养公众沟通人才等。

（施国庆时任河海大学公共管理学院院长。本文由中国大坝工程学会水库大坝公众认知专委会 2018 年水库大坝公众认知论坛专题发言整理而成，原载于《中国三峡》杂志 2018 年第 12 期。文章有删减）

金峰：水电是最现实最具绿色特性的能源

谢 泽 ▅▅▅▅▅

岩滩水电站 摄影/周鹏

　　2017年11月10日，在湖南长沙参加中国大坝工程学会水库大坝与公众认知论坛的清华大学水利水电工程系教授金峰在接受记者采访时表示，现阶段我国水库大坝公众认知工作还处于起步阶段，公众对于水库大坝基本常识和水电绿色清洁能源特性的认知水平还很低，误解和谣言已经严重影响到水利水电事业发展，科学界和工程界应该高度重视这一现象，联合起来加强对公众普及水库大坝知识的力度。

"水库大坝公众认知是一门科学，应该引起科学界和工程界的共同重视"

作为水库大坝公众认知专委会副主任委员的金峰向记者表示，较之欧美发达国家，中国公众科学认知水平还比较低，国家科学普及工作水平也还不够。水库大坝涉及水利、能源、交通等多个行业的众多专业知识，向大众科普难度更大，公众对于生态、移民、社会的多元化诉求，也会影响其对水库大坝的正确认知。

金峰认为，过去在面对公众对于水库大坝错误认知时，我们的回应往往是用复杂的科学原理作出解释，澄清事实。但这种方式仅是从科学原理上的回答，而未充分考虑到受众接受情况。他表示，公众认知工作本身就是一门科学，需要科学界和工程界认真研究。对于不同类型的群体应有相对应的宣传应对方式，对于利益诉求多元化带来的认识分歧，也应客观科学看待，让科普的授受双方能在同一话语体系内充分交流、消除谣言、消弭分歧。

"水电的经济性决定了它不仅是最现实，也是最环保的能源形式"

我国在签署《巴黎协定》的同时承诺到 2030 年前，让非化石能源在中国的能源需求比例中提升至 20%，碳排放强度最高降低 65%，这些承诺是史无前例的，也给当前减排工作带来巨大压力。

金峰告诉记者，在可替代化石能源的清洁能源形式中，大多数发达国家已经开始放弃核电，水电、风电、太阳能发电成为比较现实的选择。其中，水电较之于风电、太阳能发电有技术成熟、装机规模大、电源相对稳定、能为电网和其他发电形式调峰调频的优点，还有价格上的优势。

金峰特别强调，水电在价格上的优势，不仅意味着其更受电网和用户的欢迎，还意味着它更"绿色"。他解释说，我们所花出的每一分钱，其背后价值的创造过程都是存在碳排放的，也就是说，我们购买一定量的清洁能源，花费的钱越少，则为其间接支出的碳排放量更少。因此，水电较之于其他清洁能源，其绿色特性更显著。

"黄万里先生有着崇高的科学精神，我相信他若见证三峡工程建设，一定不会固执己见"

金峰感到非常遗憾的是，很多中小学就学过的科学常识，本来深深扎根在公众的心中，但大家面对关于三峡工程很多荒谬的谣言时，却因为一些科学之外的原因，违背那些熟知的常识，选择相信甚至传播谣言。

金峰介绍说，清华大学土木工程系也曾请很多专家来讲三峡工程，有支持三峡工程的，也有反对的。反对者中最著名的当然就是黄万里先生。系方并不预设立场，谁对谁错交付科学检验。他觉得黄先生在支撑结论的一些数据上存在问题，因此结论也会出现问题，事实也证明了黄先生在泥沙等方面的预测与现实情况差距很大。

金峰说，但这丝毫不能影响黄先生在我、在清华土木人心中的崇高地位，我们尊敬他，是尊重他坚持用科学方法解决问题的科学精神，在实践过程中出现偏差，是追求真理道路上难免的。但我相信，若黄先生能见证三峡工程建设运行，一定不会像一些人迷信他一样来迷信自己过去的观点，他会发现、研究自己出现的偏差，修正自己的观点。

（金峰为清华大学水利水电工程系教授。本文为中国大坝工程学会水库大坝公众认知专委会 2017 年水库大坝公众认知论坛上《中国三峡工程报》记者谢泽对金峰的访谈，原载于《中国三峡工程报》2017 年 12 月 9 日第 3 版。文章有删减）

尉永平：在变化的人文自然环境下使水电工程更好造福于人类

韩承臻

2017 年 11 月 10 日，在湖南长沙举行的中国大坝工程学会水库大坝与公众认知论坛上，澳大利亚昆士兰大学地球与环境科学学院副教授尉永平结合自己的研究成果，在上百年的时间尺度上，回顾了发达国家水利水电建设开发运营的发展历程和与之相对应的公众认知和公众沟通规律，就如何让水利水电工程与公众更好沟通，更好地服务于可持续发展提出了新的观点。

水库大坝曾是舆论场中的宠儿

埃及文明淹没于滔滔洪水，玛雅文明因干旱而衰亡……人类文明的繁盛和衰落往往与洪水和干旱息息相关。修建水库大坝作为防洪、抗旱的最有效措施，自古就为人类所利用，从中国的都江堰、印度古代引水大坝，到埃及的阿斯旺大坝、美国的胡佛大坝等都发挥着重要的作用。那么公众对水库和大坝的认知经历了怎样的发展脉络？

尉永平收集梳理了 1843 年到 2013 年 170 多年间的《纽约时报》和《悉尼晨报》等报纸。通过研究她发现，随着工业革命的兴起，大坝建设的技术障碍逐步被突破，西方发达国家掀起了水库大坝建设的高潮。与此同时，舆论对于水库大坝建设也是以支持和喝彩为主。

都江堰 （图虫创意）

人类用大坝来征服自然，用大坝来发展水电，用大坝来把沙漠变成绿洲。对大坝的盛赞遍布于各大媒体。在当时的一篇报道中，英国工程师 William Willcocks 曾盛赞："大坝使得防洪发电、灌溉航运都彻底由人控制。"

当今水利水电开发中面临更为复杂的环境及社会等问题

时至今日，世界范围内高于 15 米的大坝有 45000 座，小规模的有 800000 座。全球 30%~40% 的耕地依赖大坝灌溉，相应生产的粮食高达总产量的 12%~16%。全球 19% 的电力能源来自水力发电，惠及超过 150 个国家。但是水利水电面临的舆论环境却已经悄然变化。

尉永平说，如今的中国不仅是全球水电装机规模最大的国家，也是当今全球水电建设技术最为先进的国家。中国水利水电实现了从"跟跑者"到"并行者"，再到"引领者"的巨大飞跃。目前中国公司参与建设的水库大坝有 300 多座，分布在 74 个国家。然而，需要注意的是，目前以中国为代表的发展中国家在进行水利水电开发中面临着更为复杂的环境、社会等问题。

尉永平建议中国水利水电行业，应探索长期、有效、稳定、积极的战略，管理和引导境外舆论。向公众阐明水电开发的社会环境影响，回应大坝开发的公众热点问题，提升我国水电企业在海外市场公众形象，减少社会阻力，增强中国水电企业可持续发展能力。

提高水电工程对媒体的应对能力

关于如何引导公众正确认知水库大坝。尉永平给出了具体的建议。

第一，要分析世界范围水电工程的运行状况，以及它们面对的舆论情况。因为如果我们不了解别人怎么说，自然也没法去应对。第二，研究胡佛大坝、阿斯旺大坝等世界主要大型水利工程过去 100 年间媒体对它们的报道，以及它们的主管单位的应对措施有哪些经验和教训。第三，要开发我们的舆情管理知识库，对于媒体和公众的关注，及时提供相应的知识。同时还要建立专家库，由专家提供专业权威的解答，澄清误解。

谈到下一步的研究计划，尉永平希望通过对世界上各具特色的水电工程比较，建立一个水电工程应对媒体分析实验室。发展水电工程对媒体报道的分析模型，提高水电工程对媒体的应对能力，提高公众对水电工程的客观认知，从而使水电工程在变化的人文自然环境下更好地造福于人类。

（尉永平时任澳大利亚昆士兰大学地球与环境科学学院副教授。本文为中国大坝工程学会水库大坝公众认知专委会 2017 年水库大坝公众认知论坛上《中国三峡工程报》记者韩承臻对尉永平的访谈，原载于《中国三峡工程报》2017 年 12 月 9 日第 3 版。文章有删减）

水工混凝土技术攻关　提升巨型水电站长期安全

李文伟

巨型水电站对国家发展起着至关重要的作用，高质量建设是其安全运行的根本。大坝和泄洪洞是水电站的两大重要建筑物，其中混凝土浇筑面临高耐久保障、大坝裂缝和泄洪洞防冲磨破坏等三大世界级难题。

30 多年来，三峡集团持续攻关，在水工混凝土技术方面取得了重要突破，形成了以下三方面重大成果。

一是依托三峡工程，创立了 200 米级重力坝高耐久保障关键技术

在三峡工程开工之前，我国 73% 以上的混凝土大坝存在剥蚀、开裂、渗漏等问题。面对这些问题和挑战，我们在大坝混凝土设计理论、制备技术和评估方法等三个方面实现了创新突破。一是发展耐久主导的大坝混凝土设计理论。揭示了大坝混凝土水化增强和环境劣化二元驱动的性能演变机制，开发了全生命周期性能演变及耐久寿命预估模型，构建了本质耐久的大坝混凝土设计方法体系。二是创建高耐久大坝混凝土制备技术。根据三峡工程需要，研制了三峡专用水泥，构建了高耐久胶凝体系和高耐久配制技术，耐久性比传统混凝土提升 5 倍以上。三是构建大坝混凝土耐久评估方法。在传统宏观评价耐久性基础上，首次提出微观定量评价指标，提

出孔结构耐久因子新概念，通过建立其与耐久的定量关系，确定了高耐久混凝土标准。

世界最大清洁能源走廊

二是依托白鹤滩、乌东德水电站，首创了 300 米级特高拱坝高抗裂保障关键技术

白鹤滩、乌东德水电站地处金沙江干热河谷，干燥炎热大风，温差大，不利于混凝土温控防裂。对此，我们重点从方法、材料、技术三个方面进行创新突破。一是创立混凝土抗裂性能评价与提升方法。建立了基于微裂纹密度的抗裂性能定量评价准则，提出了"高镁增膨、高硅酸二钙降热增韧"的抗裂性能提升方法。二是研发低热水泥及高抗裂混凝土。攻克了低热水泥存在的低热、微膨、高早强性能协同匹配的难题，填补了国内外空白。三是创建大坝混凝土防裂施工新技术。实现大坝混凝土温度全流程可控易控，节能 13%，浇筑升层厚度由 1.5~3 米突破到全坝大规模 4.5~6 米，坝体整体性和均匀性增强，工效提升 11%。

三是依托溪洛渡、白鹤滩水电站，创建了 50 米每秒级高流速巨型泄洪洞高抗冲耐磨保障关键技术

溪洛渡、白鹤滩水电站巨型泄洪洞具有"三高三大"（高水头、高流速、高强度，大断面、大流量、大坡度）的特点，建设难度为世界之最，混凝土防冲磨破坏难度更加突出。三峡集团在高抗冲耐磨混凝土设计方法、制备技术、零缺陷施工工艺等方面开展创新。一是提出了高抗冲耐磨混凝土设计方法。通过机理研究揭示高抗冲耐磨混凝土的微观结构特征，并找到了相匹配的材料组成，提出了高抗冲耐磨材料体系。二是创建了低热水泥高抗冲耐磨混凝土制备技术。首次开发了"低热水泥 + 高掺 I 级粉煤灰"的高抗冲耐磨混凝土配制技术，抗冲磨性能提高 10% 以上，抗裂性能提升 40%~60%。三是研发了泄洪洞混凝土零缺陷施工工艺。开创性提出了在全过流面浇筑低坍落度混凝土，制定了零缺陷施工质量控制标准，破解了施工期防裂难题，杜绝了施工缝错台、缝面缺损、不平整等质量顽疾。

通过上述创新突破，三峡集团攻克了 5 座巨型水电站的 3 大世界难题，实现了 2 次里程碑式跨越，以三峡工程为代表，实现了大坝高耐久的跨越；以白鹤滩、乌东德水电站为代表，实现了特高拱坝全坝无裂缝的跨越和巨型泄洪洞无裂无缺的突破。相关技术成果推广应用至国内外 84 座水电站，实现了绿色建造，效益显著。

混凝土技术攻关大大提高了世界最大清洁能源走廊巨型电站的韧性和长期安全性。

（2024 年 9 月 24 日，在中国大坝工程学会 2024 学术年会暨第五届大坝安全国际研讨会上，三峡集团水工混凝土工程技术研究室主任李文伟以《高坝混凝土抗裂耐久保障关键技术》为题作主旨发言。本文由《中国三峡工程报》全媒体记者彭宗卫根据发言整理而成。文章有删减）

可持续水电助力经济社会高质量发展

汪志林

中华人民共和国成立后，中国水利水电事业快速发展，水库大坝建设技术取得长足进步。70多年来，中国筑坝技术经历了从探索、跟跑、并跑，再到引领世界的跨越，目前处于领跑世界的先进水平。回顾中华人民共和国成立后水利水电事业发展历程和取得的辉煌成就，我们可以得到如下启示。

国家重大战略引导水利水电可持续发展

21世纪第一个十年，在国家西部大开发战略及"西电东送"工程的推动下，龙滩、向家坝、溪洛渡等一批大型、巨型水电站开工，三峡、小浪底等大型水利枢纽工程在这一时期先后投产发电或竣工，水库大坝建设呈现出一片欣欣向荣的景象。

21世纪第二个十年，中国水电以其在清洁可再生能源中的重要地位，显现出历久弥新的魅力。民生水电、绿色水电、生态水电、和谐水电，以一种全新的面貌奏响我国能源发展和结构调整的时代强音。

"十三五"期间，在做好生态保护和移民安置的前提下，中国积极发展水电，水利水电工程建设继续高速发展，防洪保障能力和供水保障能力持续增强，水电装机规模及年增长率再创新高。

站在历史新起点，水利水电发展必须认真贯彻落实好国家政策法规，主动承担起社会责任，努力打造生态工程、民生工程、文明工程、和谐工程，造福人类社会。

重大水利水电工程是国家重大战略实施和经济社会发展的重要支撑

中国是世界上治水任务最为繁重、治水难度最大的国家之一。党的十八大以来，以习近平同志为核心的党中央对保障水安全作出一系列重大决策部署，推动治水思路创新、制度创新、实践创新。通过一系列重大水利水电工程的建设，国家水安全保障能力显著提升，为经济社会持续健康发展提供了有力支撑和保障。

首先，国家防灾减灾能力和水安全保障能力显著提升。一是防洪减灾体系不断完善，大江大河干流基本具备防御中华人民共和国成立以来最大洪水的能力。二是经济社会用水保障水平不断提升，正常年景情况下可基本保障城乡供水安全。三是水土资源保护能力明显提升，水生态环境质量持续改善。四是水安全风险意识不断增强，风险防控能力不断提升。

同时，中国能源供应能力稳步提升。

中国是世界上最大的能源生产国和消费国。党的十八大以来，中国能源进入高质量发展新阶段。在"四个革命、一个合作"能源安全新战略指引下，中国走出了一条符合国情、顺应全球发展大势、适应时代要求的能源转型之路。截至2023年年底，常规水电装机容量达3.7亿千瓦，稳步推进小水电绿色改造和现代化提升，近4000座小水电完成改造升级，生态综合效益显著提升。世界最大单机容量100万千瓦水电机组已在白鹤滩水电站投运。中国能源供给保障能力全面提升，能源绿色低碳发展实现历史性突破，支撑经济社会高质量发展。

世界最大清洁能源走廊是重大水电工程助力经济社会发展全面绿色转型的生动实践

长江经济带是中国国土空间开发最重要的东西轴线，人口规模和经济总量占据全国"半壁江山"，在区域发展总体格局中具有重要的战略地位。

长江干流之上，三峡、葛洲坝和向家坝、溪洛渡、白鹤滩、乌东德6座梯级水电站共同构成世界最大清洁能源走廊，成为一条肩负防洪、补水、航运、生态、发电等多目标任务的民生"大走廊"。

白鹤滩水电站

世界最大清洁能源走廊上形成总库容919亿立方米的梯级水库群和战略性淡水资源库，其中防洪库容376亿立方米，占长江流域纳入联合调度范围水库总防洪库容的53%以上。2023年，6座梯级水库充分发挥淡水资源库作用，累计向长江中下游补水超 243 亿立方米，为缓解长江中下游旱情作出积极贡献。

三峡工程建成蓄水后，长江航道变得更加宽阔、水流更加平稳，长江水系通航里程增加至约 7 万公里，航行船舶吨位从 1000 吨级提高到 5000 吨级。随着乌东德、白鹤滩、溪洛渡、向家坝 4 座大型水电站建成投产，金沙江下游形成了深水库区航道，"水上高速"持续打造。

在世界最大清洁能源走廊建设运行过程中，三峡集团统筹水利水电工程建设与生态保护，建成长江流域特有珍稀植物园和鱼类繁育研究基地，持续开展流域生物现状调查、环境监测、技术研究和生态保护，有力提升长江生物多样性、稳定性、持续性。

世界最大清洁能源走廊装备 110 台水电机组，总装机容量达 7169.5 万千瓦，年均发电量约 3000 亿千瓦时，可满足 3.6 亿中国人一年的用电需求。目前全球已建的 127 台 70 万千瓦以上的水轮发电机组中，三峡集团拥有 86 台。6 座梯级水电站建设过程中，共计创造 33 项世界之最，引领中国水电实现从跟跑、并跑到领跑的跨越式发展，助力能源新质生产力加快发展。

水电建设的巨大投资，改善了民生又扩大了内需，给水库库区人民群众带来看得见、摸得着的实惠。在为经济社会发展提供优质电力的同时，水电工程也在水资源综合利用，推进节能减排、改善大气环境，促进西部大开发，发展区域经济，推进乡村振兴等方面发挥着重要作用。

（2024 年 9 月 24 日，在中国大坝工程学会 2024 学术年会暨第五届大坝安全国际研讨会上，三峡集团白鹤滩工程建设部原主任汪志林以《可持续水电与经济社会高质量发展》为题作主旨发言。本文由《中国三峡工程报》全媒体记者彭宗卫根据发言整理而成。文章有删减）

高质量建设水电工程　助力绿色低碳产业发展

常作维

实现碳达峰、碳中和，是以习近平同志为核心的党中央统筹国内国际两个大局作出的重大战略决策，是着力解决资源环境约束突出问题、实现中华民族永续发展的必然选择，是构建人类命运共同体的庄严承诺。

2024 年 7 月 31 日，中共中央、国务院印发《关于加快经济社会发展全面绿色转型的意见》，提出"加快产业结构绿色低碳转型""稳妥推进能源绿色低碳转型"，要求推动传统产业绿色低碳改造升级；大力发展绿色低碳产业；加快数字化绿色化协同转型发展；加快构建新型电力系统。

水电工程具有绿色工程的本质属性

水电是依托可再生水资源发电的绿色工程，运行期几乎无碳排放且兼具多功能效益。根据联合国政府间气候变化专门委员会（IPCC）发布成果，水电全生命周期单位电量碳排放约为 18.5 克每千瓦时，远小于煤电的 820 克每千瓦时，水电工程低碳效益显著。2023 年，我国可再生能源发电量达 2.95 万亿千瓦时，其中水电 1.28 万亿千瓦时，相当于替代标准煤约 3.92 亿吨，减少二氧化碳排放约 10.73 亿吨，占比达 43.5%，其节能减排、缓解大气污染效果显著，绿色属性凸显。

水电开发是推进能源转型、建设新型电力系统的重要一环。目前，中国水电已探明可开发装机容量约 6.87 亿千瓦，年发电量约 3 万亿千瓦时

（相当于替代标准煤 9.19 亿吨，减排二氧化碳约 25.14 亿吨），均位居世界首位。截至 2023 年年底，我国可再生能源装机容量达到 15.17 亿千瓦，占发电总装机容量的 51.9%。其中，常规水电装机容量 3.71 亿千瓦，抽水蓄能装机容量 5094 万千瓦，水电（含抽蓄）占可再生能源装机容量的 27.8%。水电作为优质的调节电源，为新能源发电量的提升提供了坚强保障。

龙羊峡水电站 摄影／王国栋

水电工程与绿色低碳产业协同发展

水电工程是促进新能源大规模开发的核心依托。截至 2024 年 7 月，我国风电光伏装机合计达到 12.06 亿千瓦，提前 6 年完成《"十四五"可再生能源发展规划》目标。风光新能源大规模开发、高比例消纳和应用需要大量灵活调节电源。水电的功能定位正在逐步从提供电量为主，兼顾调峰及容量作用，转变为向系统提供容量、满足电力系统调峰调频需求为主，支持风电、光伏等新能源消纳。

水电工程能够有效保障生态环境安全。在"生态优先、绿色发展"指引下，水电工程采取一系列生态保护措施，包括生态流量泄放、低温水减缓措施等水环境保护措施，鱼类栖息地保护与修复、鱼类增殖放流等水生生态保护措施，珍稀植物和古树就地或迁地保护等陆生生态保护措施等，努力夯实水电绿色属性。

水电工程能够带动建筑材料行业绿色化发展。水电工程规模大，环保要求高，可以带动相关建筑材料行业绿色转型，包括绿色骨料、低碳水泥、绿色掺合料，推动施工设备机械化、数字化、智能化、绿色化并为绿色矿山、智慧矿山建设其他行业提供应用经验。

水电工程能够推动水电工程绿色化、智能化建设及智慧化运营。随着物联网、大数据、云计算等技术进步，水电行业在工程数字化、管理智能化方面快速发展，数字孪生、智能大坝、智慧电厂等智慧运营步伐加快，一批流域梯级电站群信息化、数字化、智能化的专业运行管理平台建成，实现电站运行"区域集控、无人值守"。

展望未来，我们要坚持规划引领，以能源绿色转型支撑全产业绿色低碳转型。加快推动西南水电基地等国家战略性水电工程建设；积极推动水风光储一体化基地开发；有力有序保障抽水蓄能高质量建设；积极推进梯级水电扩机、增容改造等。

同时，我们要坚持与时俱进，践行水电绿色发展理念。不断完善制度和技术标准，全面深化水电建设项目环境影响评价；持续创新技术，建设生态环境保护设施，不断开展生态流量、低温水、鱼类保护等重大关键技术课题科研攻关和技术创新。

此外，我们还要坚持创新引领，助力全产业链绿色低碳转型。一是持续深化科技创新，推动水电全产业链绿色化发展；推广应用节约资源的新技术、新工艺、新设备和新材料，构建绿色发展的技术支撑体系；二是促进数字经济和实体经济融合，推动全产业链数字化绿色化发展，加快推进大数据、人工智能等新一代信息技术赋能水电产业向高端化、智能化转型升级；三是构建市场导向的绿色技术创新体系，实现科技创新与绿色发展的良性互动。

（2024年9月24日，在中国大坝工程学会2024学术年会暨第五届大坝安全国际研讨会上，水电水利规划设计总院副总工程师常作维以《高质量建设水电工程　助力绿色低碳产业发展》为题作主旨发言。本文由《中国三峡工程报》特约记者孙钰芳根据发言整理而成。文章有删减）

信息传播学视角下的水库大坝公众认知

陈 莉

　　水库大坝公众认知是非常有意义的时代性话题。党的二十届三中全会通过的《中共中央关于进一步全面深化改革、推进中国式现代化的决定》提出，"加强构建中国话语和中国叙事体系""加快经济社会发展全面绿色转型"。提升大坝公众认知水平，恰恰就是将这两项重要任务的完美结合。

什么是大坝公众认知

　　当前，公众对于"大坝"的认识是模糊的、有限的。2016—2024年间，学界研究总体聚焦"环境问题""水电能源"。在技术层面，大坝建设逐步转向智能化、系统化和环境友好方向，并通过系统化管理平台实现全生命周期的精细化管理。同时，还研究关注生态保护与大坝安全之间的平衡。我们倡导绿色、可持续发展，结合智能技术、柔性设计和管理，进一步提升其技术与安全形象。然而，截至目前，中国知网发表的关于大坝公众认知主题的文章只有7篇。由此可见，学界对于大坝公众认知的探讨十分有限，研究合力不足。

　　大坝公众认知到底是什么？它是社会整体对大坝这一领域的认知水平和价值观，是社会共识的重要组成部分。需要通过一系列措施增强大坝社会传播与解释力，让非大坝建设专业人员对大坝这一公共议题形成共同认识。

为何要提升大坝公众认知水平

提升大坝公众认知水平是为了什么？

一是国内向度。大坝公众认知包含：技术认知、建设认知、发展认知、情感认知。技术认知可以提升公众安全感，建设认知可以提升公众参与感，发展认知可以提升公众获得感，情感认知可以提升公众认同感——这也是最重要、最无形的。文化遗产给公众带来了文化自信，工程技术的先进性给公众带来了民族自豪感，工程文艺的表达可以引起公众情绪共鸣。所以，提升国内民众大坝公众认知水平，与提升全民族幸福感相关。

二是国际向度。由国际水电协会 (IHA) 制定的《水电可持续性评估规范》中提到，水电项目的前期评估包含 9 项风险评估。其中一项是社会风险评估，也就是说，要对项目潜在的社会稳定性作出评估。国际社会越来越注重人类的可持续发展，因此公众的意志在某种程度上会影响到项目的实施情况。这就是我们提升公众对大坝认知水平的原因。

为了提升中国大坝的国际认知度，可以运用经典大坝的示范效应。以三峡大坝为例，工程建设中的先进技术可以产生技术示范效应，利益相关方形成的良好互动关系可以产生社会和谐发展的示范效应。这种示范效应可以促进工程建设的国际交流合作，提升国际影响力，进而增强水利项目的国际竞争力。

如何提升大坝公众认知水平

大坝工程建设是一个复杂的系统工程，而公众认知是一个复杂的心理过程、社会过程。因此，如何提升大坝公众认知水平是一个影响要素多元化的复杂社会问题。

三峡大坝 摄影 / 黄正平

从底层逻辑思考，大坝公众认知本质上是一种信息传递。提升大坝公众认知水平的策略，可以从最简单的传播向度来理解，即从大坝的信息源、信息传递、信息接收和信息理解这 4 个环节入手。

大坝信息源来源于诸多方面。某些信息在发布时，已经预设受众群体。比如，技术标准、行业报告、学术论文、专业书籍预设的是专业、行业内的人员阅读。所以，对于大坝公众认知而言，更具有适应性的信息源是新闻报道、科普文章、公共讲座或网络资源。

从传播学来说，信息的传递包括传播渠道、传播形式、传播速度和传播方向。在互联网高度普及的时代，由于自媒体的出现，生活已经媒介化。信息传播为多模态传播方式，传递速度表现出即时性。传递方向，大众倾向交流互动传播。由此可见，互联网时代，大坝公众认知的传播渠道、传播方式，要适应新的媒介时代。

信息接收环节有三个要素：一是和传递渠道相呼应的接收渠道；二是

接收者，可以把它分为个体接收者和集体接收者；三是接收环境，可以分为国内环境和国际环境。大坝信息认知的接收环境，更要关注个体接收者，因为个体接收者又是传播者。国内环境和国际环境要齐头并进，在国际传播矩阵中，要在形象"自塑"的同时关注"他塑"。要避免运动式传播，实现润物细无声式的传播，才是成功的传播。进行传播时，还要互动反馈，要有面向个体受众的互动，为个体受众提供表达情绪的渠道。

理解是认知的前提，也是认知的表现。公众对事物的理解往往具有主观性、动态性和选择性。不同受众对于同一个信息存在理解偏差。同一受众对同一信息在不同情境下也可能存在理解偏差。因此，要去更好地了解受众，更有针对性地制作传播内容。

数智时代，AI 很重要，但人力更重要。人力加上算力才能决定大坝公众认知的传播力，技术价值加上情绪价值才能决定大坝公共传播的社会价值。

（2024 年 9 月 24 日，在中国大坝工程学会 2024 学术年会暨第五届大坝安全国际研讨会上，河海大学公共管理学院副院长陈莉以《信息传播学视角下的水库大坝公众认知——理解的多维向度》为题作主旨发言。本文由《中国三峡工程报》特约记者杨思恒根据发言整理而成。文章有删减）

构建防洪工程科普体系 提升公众认知水平

张海涛 ▬▬▬

随着全球气候变化的加剧，极端天气事件频发，水旱灾害已成为威胁人类生命财产安全的重要因素。为了有效应对这些灾害，我国建立了完善的防洪工程体系，并通过科普宣传提升公众的灾害防范意识和自救能力。

水灾害分类与特点

水灾害主要包括江河洪水、台风及风暴潮、山洪灾害、城市洪涝、冰凌灾害和干旱灾害等。这些灾害各具特点，对国民经济和社会稳定构成严重威胁。

江河洪水通常由大范围长历时的集中降雨引起，可能影响整个国民经济运行，危及社会安定。长江、黄河、淮河、海河、珠江、松花江、辽河等七大江河中下游是遭受流域性洪水最严重的地区。流域性洪水防御在历代都被视为治国安邦的大事。

山洪灾害是指山丘区强降雨引发急涨急落的溪河洪水造成的生命财产损失和环境破坏。数据显示，水旱灾害损失约占自然灾害损失的 70%，山洪灾害死亡失踪人数占洪涝灾害的 70% 左右。近十年来，重大山洪灾害事件频发，且有逐渐增多的趋势。地域分布上，四川、广东、陕西、湖南、辽宁等地均发生过重大山洪灾害。

台风灾害方面，每年西北太平洋平均生成热带风暴、台风 26 个，平均有 7 个在我国登陆，占近 1/4。台风直接影响大陆的面积占国土面积的 5%。自 1949 年以来，我国台风灾害共造成约 3.6 万人死亡。

城市洪涝分为外洪和内涝。近年来，由于极端天气增多、城市地下设施增多，以及地面不透水面积增加，城市内涝灾害日趋严重。

冰凌灾害是冰凌对水流产生阻力而引起的江河水位明显上涨的水文现象。我国黄河、松花江、黑龙江等河流容易发生凌汛。历史上，黄河下游凌汛以决口频繁、危害严重、难以防治而闻名。中华人民共和国成立后，在党和政府的领导下，多次战胜严重凌汛，将凌汛灾害降低到了最低限度。

干旱灾害则是由水分的收与支或供与需不平衡形成的水分短缺现象。我国黄、淮、海地区大旱以上等级的干旱重现频率较高：黄河流域为 26.9%，海河流域为 30.3%，淮河流域为 33.6%。

防洪工程体系

防洪工程是为控制、防御洪水以减免洪灾损失所修建的工程，主要包括堤防、水库、控制枢纽、河道整治工程、分洪工程、蓄滞洪工程等。我们一般说的流域防洪"三大件"指的是水库、河道及堤防、蓄滞洪区——通过上蓄、中滞、下排等措施有效治洪，减轻洪涝灾害风险和损失。

水库是"王牌"。水库是"拦洪蓄水和调节水流的水利工程建筑物"，通俗来说，是用坝、堤、水闸、堰等工程，于河道、山谷或低洼地区形成的人工水域。水库具有多种功能，是防汛抗旱的"利器"，在汛期发挥着拦洪错峰的关键作用。对于众多水利工程，在防御洪水方面，水库是最关键的存在，是名副其实的"王牌"。

河道是"头牌"。河道承担着泄洪的重要任务，按位置和功用可分为不同级别的堤防。

当洪水来临时，先用河道的能力把水排出去，河道泄洪是"头牌"，需要打好这个牌。按位置分，包括江河堤防、湖泊堤防、库区围堤、圩垸围堤、蓄滞洪区围堤、城市防洪堤、海塘、渠（堰）堤、路堤；按功用分，包括防洪堤、防涝堤、防波（浪）堤、防潮堤、分流堤等。

蓄滞洪区是"底牌"。蓄滞洪区是流域防洪工程体系的重要组成部分，是确保流域防洪安全的"底牌"。蓄滞洪区是主要江河防洪工程体系的重要组成部分，与水库、河道及堤防等共同防控洪水。利用堤防和河道泄洪，运用水库拦蓄洪水，如果仍不能够控制洪水，再适时启用蓄滞洪区，以分蓄超额洪水，削减洪峰，最大限度减轻洪水灾害总体损失。

当前，我国已建成各类水库 9.5 万多座、5 级及以上堤防约 33 万公里、开辟国家蓄滞洪区 98 处，形成了以长江三峡、黄河小浪底水库等为核心的主要工程组成的流域防洪工程体系。

科普体系与公众认知水平

构建完善的防洪工程科普体系，提升公众认知水平，是当前防洪减灾工作的重要任务之一。

防洪工程科普体系的核心要素包括行政领导、专业人员和社会公众三大群体。行政领导在科普体系中发挥着引领作用，通过制定政策、规划项目和提供资金支持，为科普工作创造有利条件。专业人员则是科普内容的生产者和传播者，他们拥有丰富的专业知识和实践经验，能够为

隔河岩大坝　摄影 / 柯元霞

公众提供准确、权威的科普信息。社会公众则是科普工作的对象和受益者，他们通过接受科普教育，提高防灾减灾意识，学会正确的应对和避险方法。

科普体系的目标是提升公众对于防洪工程的认知水平和防灾减灾能力。这包括让公众了解防洪工程的基本原理、作用和功能，掌握正确的防灾减灾知识和技能，以及形成正确的防灾减灾观念。

针对公众认知水平的现状与挑战，我们可以从以下几个方面入手，提升公众对防洪工程的认知水平。

加强科普宣传与教育：通过举办科普讲座、制作科普宣传片、开展防灾减灾演练等多种形式，普及防洪工程知识，提高公众的防灾减灾意识。

利用新媒体平台：借助微博、微信等新媒体平台，扩大科普信息的传播范围和影响力。通过发布防洪工程科普文章、视频等，让公众在轻松愉快的氛围中学习防洪知识。

建立科普志愿者队伍：招募和培训科普志愿者，让他们成为防洪工程科普的"传播者"和"践行者"。通过他们的努力和行动，将防洪工程知识传递给更多的人。

加强舆情监测与引导：密切关注公众对防洪工程的关注和疑虑，及时回应社会关切，引导公众正确看待防洪工程在防洪减灾中的作用。

（2024 年 9 月 24 日，在中国大坝工程学会 2024 学术年会暨第五届大坝安全国际研讨会上，中国水利水电科学研究院减灾中心张海涛以《防洪工程科普体系与公众认知水平》为题作专题发言。本文由《中国三峡工程报》特约记者向珊根据发言整理而成。文章有删减）

陆忠民：水库建设为上海市发展提供重要保障

谢　泽　━━━━

2017 年 11 月 10 日，在湖南长沙举办的中国大坝工程学会水库大坝公众认知论坛上，作为嘉宾的三峡集团上海勘测设计研究院有限公司总工程师陆忠民向与会者介绍了上海水库型水源地建设与环境协同的相关情况。他表示，中国是全球拥有水库大坝最多的国家，水库大坝为中国经济社会发展提供了防洪、供水、发电等众多服务功能，对于上海而言，水库大坝的供水功能尤为显著。

陆忠民首先介绍了上海水库型水源地建设的意义和基本格局。上海是我国最大的经济和航运中心，长江经济带的龙头城市，全市常住人口达 2415 万人，上海境内江河湖等水系发达，河网密布，有黄浦江、长江等骨干河流，水是维系城市发展的最重要基础资源。但是，上海河道型水源地也存在突出问题，20 世纪 80 年代以前上海饮用水原水直接从河道取水，黄浦江上游水源地是上海中心城区的主要水源地。但近年来，随着城市快速发展，内河水源布置分散、水质不佳、抗风险能力低的缺点凸显。水库型水源地具有布置集中、水质水量可控、抗风险能力高的优点。

因此，从 20 世纪 80 年代开始，上海市开始规划建设水库型水源地，包括为宝山、嘉定区域服务的陈行水库，为中心城区、浦东、南汇区域服务的青草沙水库，为崇明岛区域服务的东风西沙水库，为青浦、闵行、松江、金山、奉贤区域服务的金泽水库，形成了"两江（长江、黄浦江）并举，多源互补"的战略布局，其中青草沙水库还是世界最大避咸蓄淡水库。

陆忠民介绍说，上海市高度重视水源地建设与社会、安全、生态环境的协同，相关方面为包含水源、供水、用水在内的整个饮用水系统建立了对应的法规体系；通过利用江河湖泊少占土地、水库大坝挖填平衡减少外来土和弃土、防排结合减小溃坝渗漏影响、控制取水减少对江河影响、生态调控水体提升库内水质、布设绿色能源减少用电需求等方式优化水源地工程布局，减少水源地建设对环境影响。

在建设过程中，相关方面也非常重视公众参与工作，希望取得社会各界支持。广泛听取规划、水务、环保等相关政府部门及区政府的指导意见，规划方案网上公示，环境影响及社会稳定方面广泛征求公众的意见及建议。参与部门和单位 460 多个，问卷调查 800 人次以上。还多次邀请专家到现场考察指导，充分利用报纸、电视、广播、网络等媒体对工程进行广泛宣传报道，深入工程周边社区宣传工程的重要意义。同时，工程采用由建设单位、施工单位、乡镇部门和市民代表参与的多方共建等形式，加强协调，接受监督，得到社会各界的大力支持。

陆忠民说，在公众理解支持下，上海水库型水源地建设取得成功，保障了上海城市供水，提升了应对突发事件的能力，提升了水源地原水水质，改善了周边区域生态环境，取得了显著的综合效益。

（陆忠民时任三峡集团上海勘测设计研究院有限公司总工程师。本文为中国大坝工程学会水库大坝公众认知专委会 2017 年水库大坝公众认知论坛上《中国三峡工程报》记者谢泽对陆忠民的访谈，原载于《中国三峡工程报》2017 年 12 月 2 日第 3 版。文章有删减）

大坝与水资源可持续利用
——以浙江省为例

朱法君

一、功效与问题

水利是协调人与环境矛盾的伟大事业，除害兴利是水利永恒的主题。

古人修建过许多水利工程目前仍在发挥作用，如都江堰、灵渠等。

但是，由于古代筑坝技术的制约，大多以低堰引水，工程的受益范围、受益程度同样受到了限制。随着混凝土的发明和筑坝工程技术的不断进步，使得人类开发利用水资源的能力不断提升。

筑坝建库，拦蓄洪水，从时间、空间两个维度调节了径流，变害为利，使得防洪、灌溉、供水、发电、航运、养殖、旅游……成为可能。

人们受益于水库大坝的巨大贡献，获得了更加安全的防洪保障，分享了洁净的水库供水，保障了农业、工业的生产用水，也依托水库的"绿水青山"，发展了旅游业……

但是，伴随着越来越多的大坝建成发挥效益，人们在分享到水库各种功效的同时，也有越来越多的人站在不同的角度对水库大坝的建设提出疑问，心存顾虑，甚至于误读、误判，造成了社会上相当数量的人群对水库大坝建设的不理解、不支持，一定程度上也影响了水库大坝建设的进程，进而影响了水资源的可持续开发利用和经济社会的可持续发展。

一方面，我们需要依赖大坝（水库）拦蓄洪水，开发利用水资源；另一方面，水库（大坝）的建设客观上也存在对环境和社会的各方面影响。

如何趋利避害，在最大限度发挥大坝综合功效的同时，同时将不利影响降低至最小（可承受范围）或消除，变害为利，正是我们水利工作者们一直追求和践行的目标。

二、浙江省大坝建设的历史

1. 古代

古代浙江省更多水利工程集中在河流中建设低矮的引水堰坝上，如通济堰、它山堰等，它们也可称为古代的"大坝"，和现今的大坝相比，最大的区别是坝低，几乎没有调蓄功能，只能借助略为抬高的水位实现引水灌溉、引水入村、引水设碓，低水平地利用水资源。

2. 中华人民共和国成立至 20 世纪 80 年代

随着我国水利建设工程技术的快速进步和国家对水利建设的重视，浙江省建成了一大批大、中型水利工程，有代表性的有新安江—富春江、乌溪江梯级、紧水滩梯级等以水电开发为主要目标的大型水电站；有长潭、牛头山、里石门、四明湖、皎口、横锦、南江、石壁、陈蔡、赋石、老石坎、铜山源、青山等一大批以灌溉、防洪为主要目标的综合利用工程，并兴建了更大数量的中小型水库工程。

这个阶段建设的水库大坝，数量和库容上占了浙江省目前的绝大部分，是巨大的财富。

老石坎水库

3. 20 世纪 90 年代至现在

20 世纪 90 年代以来，浙江省建设了一大批中小型水电站，至 21 世纪初，随着滩坑水电站的建成运行，浙江省的常规水能开发已接近尾声。

近 20 年来，以水资源开发利用、防洪为主要目标的大中型水库工程迎来了建设的黄金期、高峰期，宁波的周公宅、白溪，温州的珊溪，仙居的下岸，湖州的合溪、老虎潭，衢州的碗窑、白水坑等相继建成。目前仍有绍兴钦寸等近 10 座大中型水库正在建设。

回顾浙江省的水库大坝建设，不同时期有不同的功能出发点。前期重在水能开发，中期重在农业灌溉，后期重在防洪、供水，这与浙江省经济社会的各个发展阶段有直接的关系，也可以说是需求决定了各个阶段的开发方式。

浙江省经过中华人民共和国成立后近 70 年的建设，建成了小（2）型以上水库 4300 余座，人均占有水库库容量已经超过欧美发达国家平均水平，已基本形成了以水库（大坝）群为重要基础的防洪体系和水资源开发利用的综合系统，拟建、待建的水库大坝已为数不多，或者说建设已接近尾声。

三、为什么要建大坝（以浙江省为例）

浙江省多年平均降雨 1600 毫米，属南方多雨地区。但是年际变化大，丰水年大于 2500 毫米，枯水年小于 1000 毫米；年内变化更大，极不均匀。年中 70% 以上的降雨集中在梅雨季节（4 月 15 日—7 月 15 日）、台风季节（7 月 16 日—10 月 15 日）。

这样的降雨特点，再加上浙江省的地形特征是"山区多，平原低，河流源短流急"，极易形成洪灾；雨后水资源留不住，几无过境水量可利用，又极易形成旱灾。

古时因为没有水库，浙江省的大部分地区（杭嘉湖除外）都曾是贫穷落后的代表；有了水库（大坝）这一伟大工程后，有效地消减了洪灾，有效地利用了水资源，浙江省全境的改革开放、经济社会发展才有了保障。

建设水库大坝可以满足以下几个方面。

（1）防洪减灾的需要

水库在浙江省的防洪体系中，起到了决定性的作用。浙江省目前流域面积超过 1000 平方公里的河流上游基本建有控制性水库工程，全省已建水库 4300 余座，总库容 445 亿立方米，其中设置了防洪库容 46 亿立方米。

（2）城乡供水、农业灌溉的需要

浙江省水库设供水、灌溉库容 93 亿立方米，目前承担着 3850 万人和 1600 万亩农田的供水、灌溉任务。1967 年以来保障未发生全省性的干旱。同时，水库供水具有水质优、保证程度高、制水成本低等优点。

（3）水能开发的需要

一是提供清洁能源（浙江省水电总装机容量 690 万千瓦，年发电量

160 亿千瓦时），二是为华东电网提供调峰、调频支持。

（4）环境调节的需要

经济快速发展和城市化快速推进中，城乡水环境形势严峻。浙江省正在全力推进"五水共治"，提升改变城乡水环境状况，实现绿水青山。其中，实现河流配水，特别是城市河流的季节性调水、配水，还需水库这一源头。

（朱法君时任浙江省水利厅治水办主任。本文由中国大坝工程学会水库大坝公众认知专委会 2017 年水库大坝公众认知论坛专题发言整理而成。文章有删减）

加强库区生态建设　构建大坝宣传平台

蔡　明　━━━━━

今天我要讲的主要分两个部分：第一、大坝建设怎么与生态文明建设相结合；第二、以黄河流域两座大坝建设为例，谈谈我们对大坝生态文明建设的探索。

大坝建设要与生态文明建设相结合

党的十九大报告中对于生态建设有几个方面的部署：坚持节约资源和保护环境的基本国策；实行最严格的生态环境保护制度；统筹山水林田湖草系统治理；坚持人与自然和谐共生，树立和践行绿水青山就是金山银山的理念；形成绿色发展模式和生活方式。

我们可以特别关注一下"统筹山水林田湖草系统治理"这一条，水库大坝与山、水、林、田、湖、草这几个因素都有密切的关系，水库大坝的建设、运行正好契合了生态文明建设的要求。

2016 年，习近平总书记在推动长江经济带发展座谈会上，对新时期水利水电发展提出了新的要求。水利水电工程建设要把生态放在第一位，从水库大坝规划设计开始，就把生态问题作为重要内容，勇挑水库大坝建设与生态环境保护两副重担。

我们认为，水库大坝作为重要的水利基础设施，在抗御洪水灾害、调蓄利用水资源、应对气候变化等方面发挥着重要作用，是生态环境改善的有效保障，是推进生态文明建设的重要支撑。

这就要求我们对水电能源的开发要按照大水利、生态水利思路进行规划和建设。在建设阶段，要实现开发功能的同时，将保护江河生态系统作为重要任务，进行生态化建设、移民和物种保护；在运行阶段，要将提升库区周边生态环境的质量和稳定性作为重要职责，通过后续保护建设，构建美好江河生态廊道，促进人与自然和谐相处。总之，需在建设、运行两阶段勇挑水库大坝建设与生态环境保护两副重担。

对大坝生态文明建设的探索

下面我从实操层面，以两座水利工程为例，谈谈我们在大坝生态文明建设方面的探索实践。

小浪底水利枢纽位于黄河中游最后一个峡谷出口处，控制流域面积69.4 万平方公里，占黄河流域面积的 92.3%。小浪底水利枢纽管理区包括小浪底大坝上游 2.4 公里和下游 1.7 公里的管理水域、西霞院大坝上游 800米和下游 600 米的管理水域。小浪底工程 1994 年 9 月主体工程开工，1997年 10 月实现大河截流，1999 年年底第一台机组发电，2001 年 12 月竣工，总工期 11 年。水库总库容 126.5 亿立方米，工程以防洪、防凌、减淤为主，兼顾供水、灌溉和发电等。西霞院水利枢纽工程是黄河小浪底水利枢纽的配套工程，位于小浪底坝址下游 16 公里处，开发任务以反调节为主，结合发电，兼顾灌溉、供水等综合利用。从 1993 年开始可行性研究工作，2003 年10 月开工，2011 年工程通过国家竣工验收。

对于小浪底这样的已建水利工程，我们对其进行了生态文明建设布局：一轴——黄河主河道生态文明空间发展轴；二带——黄河河道两侧滨水生态景观带；三区——主体各异的生态文明建设功能区（小浪底水利枢纽管理区、翠绿湖生态保护区、西霞院大坝及附属设施区）。

据此我们制定了相应的生态保护规划：以"一轴两带三区"为生态框架，以保护风景名胜资源、重塑稳定的生境基础和建设良好的区域生物多样性为前提，采取切实可行生态文明建设措施，重点保护景观区和生态敏感区，有重点地进行生态建设、植被修复和物种繁育，逐步达到全面保护和恢复生态环境的目标，为地域性生物多样性保护和生态环境改善创造条件。

小浪底水库（图虫创意）

我们实施了坝体生态修复工程。①在 250 米高程平台，用"植物作画"，勾勒小浪底大坝的壮美。在坝体上种植色叶花灌木，通过不同植物叶、花的色彩差异，组成一幅生动逼真的大坝微缩图。②在 155 米、206 米、216 米三个高程平台上建设果树种植区，种植苹果、桃和葡萄，春花秋果景色各异，把生境修复、生态体验、产业发展和观光旅游相结合。③在中部果园入口，将现状为一片简单的绿化种植区，重新设计为一处小型精品植物游园，充分展示自然生态、生境修复和大坝景观建设结合。④坝体道路方面，在不影响坝体安全、保证大坝安全稳固前提下，下挖 0.5 米做高树池，种植小乔木和花灌木，形成连续的绿化带。

同时，我们实施重点物种保护。小浪底景区的主要入口，有一棵古老柏树，传说是大禹治水莅临此地所植，被当地人誉为"神树"，但是周边山体植被贫乏，生态功能较差。我们对老神树山体进行生态修复和彩化，种植色叶灌木、花灌木，适量补种松柏类植物。

我们对翠绿湖也实施了生态保护措施。翠绿湖生态保护区背山面水、地势平坦、池塘密布，自然环境较好，目前已进行初步生态建设，整体环境和开发条件较好，翠绿湖凭借自然景观资源优势，可融入现代景观元素，打造休闲、娱乐、度假等功能于一体的生态保护区。在生境保护、生态修复方面也进行了大量的实践与探索，例如彩化山体、净化水质、增加动植物多样性等，并开发了小干扰旅游项目，吸引游客、留住游客，提升保护区的旅游服务功能，加强水库大坝生态文明建设的宣传力度。

我们把现状为农田、山林、水系、动植物的地域进行系统梳理，整合出农田肌理、山脉肌理和花田肌理。大尺度景观风貌营造出自然、丰富、美观的生态文化展示空间；我们在水杉林中架设木栈道和木平台，让游人在游览中触摸到绿色的生态气息，近距离感受到水库大坝对生态环境的修复和提升作用。

再看戴村坝工程，戴村坝位于山东省泰安市东平县彭集镇南城子村，距东平县城区 9 公里。戴村坝工程从南至北分为三段，依次为主石坝 437.5 米、窦公堤 900 米、灰土坝 262 米，总长度 2119.5 米。戴村坝高卓的建筑艺术，凝聚着古代劳动人民无数的血汗与智慧。工程设计之巧妙、造型之美观，是我国水利史上的一大壮举。工程虽历经数百年，任洪水千磨万击，今仍铁扣紧锁，岿然不动，被中国大运河申遗考察组称为"中国古代第一坝""运河之心"。

近年来，由于大汶河与汇河历年来不断向场地内核心区泄洪，形成沙土与泥土交替覆盖的滩地地面，场地中央有水域及坑塘，场地内植被茂盛，有多处杨树林，虽生长良好，但生态群落较为单一。大坝以北及大汶河南岸以农田为主，大清河及大汶河河岸区域以滩地为主，生境单一，种群复合度较低。由于汇河的水质受到了一定的污染，如果对污染物不进行拦截和净化，将会影响大清河和东平湖的水质。由于汇河水量的季节性变化非常明显，区域内水量随之有着较明显的波动。与此同时，每年的大量降雨由于没有得到有效收集利用，降水随即流走又造成了水资源的浪费。

我们以水域为中心，围绕水域形成多层次、多复合的生态圈层，为水陆植物提供适合各自的圈层，尽可能提高水陆交接带的宽度和质量，大量使用生态效果良好的乡土植物，构建复合群落从而形成更为稳定、更为多样化的生态系统。

通过选取适宜的水生植物，对水质进行一定程度的提升。而这些多观赏特征的水生植物，也形成了湿地周边丰富多样的植物景观，形成拦截悬浮物—分解有机物，消除氮磷—综合净化污染物—综合净化、提高水体透明度、改善水体感官的净水流程。

以戴村坝和戴村坝展览馆为旅游参观核心，将游览参观、工程文化、技术文化、生态文化展示相结合，让游人在感受水畔自然风光的同时，深刻感受戴村坝这一古代文化遗产瑰宝的魅力，以及现代生态文化的智慧，让古代水生态文明和现代水生态文明在此拥抱。

我们认为，科学的水电开发本身就是山水林田湖生态综合体，"绿水青山就是金山银山"的生态工程，对我国江河保护贡献卓著！

（蔡明时任黄河勘测规划设计有限公司生态院副院长。本文由中国大坝工程学会水库大坝公众认知专委会2018年水库大坝公众认知论坛专题发言整理而成，原载于《中国三峡》杂志2018年第11期。文章有删减）

国之重器 三峡工程

张云昌 ▬▬▬▬

一、三峡工程综合效益显著

三峡工程是治理和开发长江的关键性骨干工程，是当今世界上综合规模最大、功能最多的水利枢纽工程，是我国治水史上的壮举。

三峡工程自 2003 年 6 月开始 135 米水位蓄水，2006 年蓄水至 156 米，2008 年汛后开始进行 175 米试验性蓄水并于 2010 年成功达到 175 米正常蓄水位，工程运行安全平稳，防洪、发电、航运、水资源利用等综合效益全面发挥，为长江经济带发展提供了重要支撑。

1. 防洪

防洪效益十分显著。三峡工程未建前，长江中下游干流防洪主要依靠堤防和分蓄洪措施，每年汛期数十万人上堤巡防、抢险；遭遇大洪水时数千万人受到洪水严重威胁。

三峡工程拥有防洪库容 221.5 亿立方米，能直接控制防洪形势最严峻的荆江河段洪水来量 95%，荆江河段防洪标准由"10 年一遇"提高到"100 年一遇"，为长江中下游地区经济社会发展营造了安澜环境。

2. 发电

发电效益良好。2012 年三峡电厂 32 台 700 兆瓦机组全部投产发电以来，年均发电量达 929.8 亿千瓦时。2018 年发电 1016.2 亿千瓦时，成为当年全世界发电量最多的水电站，为优化我国能源结构、维护电网安全稳定运行、加快全国电网互联互通、促进节能减排等发挥了重要作用。

3. 航运

航运效益突出。三峡工程建成后，极大地改善了宜昌至重庆段约 660 千米的通航条件，宜昌以下航道水深增加 0.6~1.0 米，万吨船队可由上海直达重庆，使川江和荆江河段成为名副其实的"黄金水道"，极大促进了西南腹地与沿海地区的物资交流，有力支持了长江经济带发展战略的实施。

4. 水资源综合利用

水资源综合利用效益明显。三峡水库是我国重要的战略性淡水资源储备库，可为沿江及我国北方缺水地区提供水源保障，具有重大的国家水安全战略意义。

三峡水库利用巨大的调节库容"蓄丰补枯"，每年枯水期下泄流量由不足 3000 立方米每秒提高到 6000 立方米每秒以上，有效缓解了长江中下游城镇和工农业用水的季节性紧张局面。

二、公众关心的问题得到较好解决

1. 投资问题

三峡工程投资管理实行"静态控制、动态管理"的新模式。工程总投资控制在国家批准的概算范围以内，为国家重大工程建设投资控制提供了范例。

2. 移民问题

自 2011 年国务院批准实施三峡后续工作规划以来，已经取得了重要阶段性成效，经济效益、社会效益和生态环境效益显著。通过支持库区优势特色产业发展、加强基础设施和公共服务能力建设、推进城镇移民小区综合帮扶和农村移民安置区精准帮扶，移民群众的生产生活条件和人居环境显著提高，收入水平年均增长达到 10% 左右，社会事业全面发展，城镇化质量不断提升。

3. 文物保护问题

在国家文物局主持下编制了文物保护规划，完成保护文物 1128 处，完成了中华人民共和国成立以来范围最广、规模最大、持续时间最长、投入资金最多、取得成果最丰，在世界上都是空前的文物保护工程，构建了完整的三峡库区历史文化序列。

4. 生态及环境问题

三峡库区生态环境状况持续向好。通过大力加强城镇污染治理、植被恢复、水生生境修复、库岸及消落区环境综合整治，实现了三峡库区生态屏障区污水和垃圾处理设施基本全覆盖，生态服务功能得到有效提升，水生生态保护措施不断加强，生态系统功能走向良性循环。

5. 泥沙问题

库区航道条件明显改善，局部淤积通过加强观测、及时疏浚和维护管理，总体可控。开展崩岸治理，增强了河段堤防抗冲能力，有效减轻了当地的防洪压力；实施了新建和改扩建取水、输水工程，提升了相应区域城乡供水水质和供水保证率；实施了重点河段航道整治工程，进一步提升了长江航道运输能力。

6. 地质灾害问题

三峡库区地质灾害得到有效防治。通过组织实施地质灾害治理工程、完善监测预警体系、及时组织避险搬迁、加强高切坡安全监测，地质灾害防治水平和能力不断提升，完成滑坡、崩塌、危岩体等工程治理项目，对受地质灾害和蓄水影响人口及时实施了避险搬迁。

三峡工程全景　摄影 / 郑家裕

（张云昌时任水利部三峡工程管理司一级巡视员。本文由中国大坝工程学会水库大坝公众认知专委会 2019 年水库大坝公众认知论坛专题发言整理而成。文章有删减）

王海：公众舆论重在主动引导

韩承臻

2017 年 11 月 10 日，在湖南长沙举行的中国大坝工程学会水库大坝与公众认知论坛上，三峡集团流域枢纽运行管理局教授级高级工程师王海表示，对于公众舆论重在主动引导，主动把相关的基础知识、基本常识告诉公众。

王海长期从事水库调度管理工作，曾多次参加国际大坝、中国大坝、世界水电等相关国内外会议，并进行交流发言，介绍三峡工程的优化调度、生态调度经验，多次向媒体介绍三峡工程的调度运行。

王海说，三峡工程是中国水利水电行业的一面旗帜。三峡工程发挥的巨大综合效益，有目共睹，得到广大社会公众认可。然而和其他水利水电工程一样，三峡工程也面临一些误解，比如泥沙问题。之前，人们担心三峡水库会因为泥沙淤积，而影响水库运行。然而，这么多年水库运行实践表明，三峡工程泥沙问题好于预期，入库泥沙量为论证预测的一半左右。这有利于延长水库寿命，减轻中下游防洪压力。人们对泥沙淤积的疑虑解除了，但对清水下泄的疑虑又出现了。

王海说，这启示我们，对公众误解仅仅采取被动解释的方式无济于事。这样一个问题回答清楚了，新的问题又随之而来了。对于公众舆论应重在主动引导，主动把水库水坝带来的利弊，把相关的基础知识、基本常识告诉公众。

"根据我的经验，只要把基本的知识告诉大家，还是很容易得到理解和支持的。"王海说，曾经有人问我，是不是三峡水库导致了四川地区干旱？其实事实是，当年四川盆地的干旱，是受大气候的影响，气候变化的罪魁祸首是温室效应，与水利工程无关。相反，水利水电工程反而可以缓解异常气候带来的不利影响。只要稍稍思考就会明白，百十米高的大坝怎么会阻挡洲际尺度的大气环流。这样一经解释，人们的疑虑便冰消雪融了。

当然，不可否认仍然有些"环保人士"，坚持认为原生态才是最好的，将人类活动隔绝于自然环境之外才是真正的保护环境。这就需要我们帮助公众认识到，这样的观点事实上就将环境保护隔绝于社会经济发展之外，本质上是一种生态愚昧。"环境保护不是不发展，而是应该在发展中注意保护和维护环境。"王海说。

三峡水库是国家重要淡水资源储备库，是长江流域的生态屏障

（王海时任三峡集团流域枢纽运行管理局教授级高级工程师。本文为中国大坝工程学会水库大坝公众认知专委会 2017 年水库大坝公众认知论坛上《中国三峡工程报》记者韩承臻对王海的访谈，原载于《中国三峡工程报》2017 年 12 月 9 日第 3 版。文章有删减）

中国三峡走进巴西的故事

李银生 ▬▬▬

　　三峡集团走进巴西的故事，是三峡集团国际化的重要篇章，是中国企业走向国际的一个缩影，是中国和巴西两个水电大国沟通交流逐步深入的过程，也是推动水电公众认知的一个探索。

　　巴西是一个拥有 2 亿人口、850 万平方公里土地的南美洲最大的国家。同时，它也是一个在 20 世纪 70 年代就进入中等收入水平、80 年代完成举世瞩目的伊泰普工程建设的大国。

　　中国和巴西是两个水电大国，在三峡集团进入巴西市场之前，其实已经与巴西的电力行业有着二十多年的交流。但两个水电大国之间缺乏比较深入的行业沟通。过去的十年，中国在巴西的投资达到 585 亿美元。尤其是从 2010 年开始，中国对巴西的投资进入到一个快速增长的阶段。在中国对金砖国家的投资数据中，巴西以 40% 的占比位居第一。

　　三峡集团自 2013 年进入巴西市场，经过五年时间的努力，从零开始，从巴西市场的初入者成为现在的引领者之一。目前，三峡集团在巴西的装机容量约 828 万千瓦，是巴西第三大发电企业。通过巴西市场发电企业的排名可以看出，三峡集团是在和来自中国、美国、欧洲和拉美国家的能源巨头同台竞技，强手如林。在这样的国际舞台上，三峡巴西公司证明了自己的实力。

　　三峡巴西公司有三个标签，那就是"来自中国""来自三峡""来自水电"。正是因为这样的标签，所以"不给中国丢脸，不给三峡丢脸，不给水电丢脸"是三峡巴西公司在巴西开展业务的底线。

三峡巴西公司目前在巴西的资产分布在十个州，有1600万的受益人口，发电量占巴西全国8.3%，有800名员工，有43000公顷的自然保护区，每年放流360万尾鱼苗，同时还有6000万元人民币的研发费用，在当地是一个有较大影响力的公司。

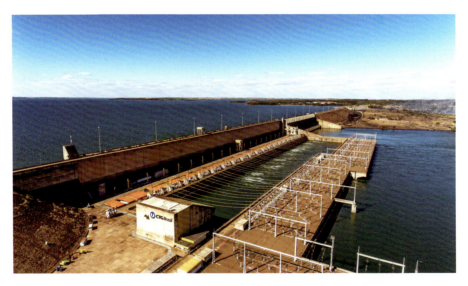

巴西伊利亚水电站

从三峡巴西公司成立的第一天起，就对品牌建设和声誉管理非常重视。每一个人、每一棵树、每一度电，都是三峡巴西公司品牌建设的阵地，也是培育公众认知的载体。

"行胜于言"，这是三峡巴西公司品牌建设的真谛。就像爱默生说的那样："你的所作所为发出的声音如此巨大，以至于我听不见你在说什么。"

三峡巴西公司声誉管理有一个模型，是以公司的使命、愿景、价值观作为基础，基础之上有三个支柱。第一是品牌建设，要培育一个好的品牌形象；第二是做好内外部沟通，加强与核心利益相关方的关系；第三是在企业内部各个环节做好可持续发展理念的贯彻落实。并且，声誉战略要服务于公司战略。

在声誉管理的实际操作中，第一步是构建企业文化。三峡巴西公司的使命（为人类提供清洁能源，与地球和谐共处）和愿景（成为巴西一流的清洁能源公司）都是从三峡集团传承与发展而来的。我们在巴西强调的价值观有七点：安全，尊重，诚信，快乐，奉献，简单，卓越。一个公司的核心价值观，不能只是自上而下去形成，必须是公司整体形成共识而达成的，这样才能不流于形式。三峡巴西公司初创时期，整个公司全员经过半年的时间，充分地研讨辩论形成了自己的价值观，这也是公司全员希望打造理想中的公司模样。同时，三峡巴西公司把核心价值观作为选人用人的一个标准，多年的坚持和实践，公司就具有一个比较鲜明的企业特征和个性。这样，在市场上一提到三峡巴西公司，人们就会知道它是追求卓越的，是以人为本的，是尊重差异的。

第二步是打造三峡巴西公司品牌。我们想打造什么样的企业文化，就会有什么样的企业形象。我们希望公司能够拥有一些性格，这些都要通过我们的品牌建设去体现。

第三步是与关键利益相关方建立良好关系。三峡巴西公司全面梳理所有的利益相关方，确定沟通策略，和巴西政府、非政府组织、行业协会、智库、媒体都建立很好的长期战略合作关系。值得一提的是，三峡巴西公司对于媒体采取了主动管理的姿态，而非被动地等待媒体去报道。为了应对当今媒体传播的特点，也入驻了包括 Facebook、LinkedIn、微信公众号等很多社交媒体平台、传播平台，通过各种途径去发声，宣传三峡巴西公司可持续发展的理念。

第四步是提升员工参与度。品牌管理要发挥员工的力量，员工的参与对三峡巴西公司来说至关重要。公司800名员工都是我们的形象大使，每个人都要对公司的形象管理负责。

第五步是履行社会责任，助力可持续发展。三峡巴西公司做了很多文化体育、环保研发等活动，取得了很好的效果。可持续发展的理念渗透到公司每一个角落、影响公司的每一道工序流程、改进每一个员工的思想，这是贯穿三峡巴西公司整个生产经营活动的理念。

经过这些努力，三峡巴西公司得到了社会的高度认可。最近，三峡巴西公司的可持续发展实践被圣保罗州选定为代表项目参与巴西全国的可持续发展项目竞争。这是对三峡巴西公司的认可，是对三峡集团的认可，对水电事业的认可，也是对中国在巴西投资的一个认可。

（李银生时任三峡巴西公司总经理。本文由中国大坝工程学会水库大坝公众认知专委会2018年水库大坝公众认知论坛专题发言整理而成，原载于《中国三峡》杂志2018年第12期。文章有删减）

"中国大坝行"这一年

——我们的行与思

谢 泽

《中国三峡》杂志封面

自 2018 年 10 月在中国大坝工程学会水库大坝公众认知专委会郑州会议上启动以来，"中国大坝行"活动得到专委会和中国三峡出版传媒有限公司的支持，工作迅速展开。我们特意选取了长江支流上的隔河岩、澜沧江上的漫湾、洞庭湖水系沅江的五强溪、钱塘江水系的新安江、松花江上的白山、黄河上游的龙羊峡和李家峡等水电大坝，以及天荒坪抽水蓄能电站，尽量使选取的大坝所处的流域水系不同，建设时期、坝型、效益有差异，从而更具代表性。

回顾实地采访过程，我们对今年（2019）年会主题——"更好的大坝，造福更好的世界"深有感触。"好"是一个状态，"更好"是一个过程，它说明大坝不是静止不变的，无论就人类筑坝历史还是单座大坝的生命历程而言，大坝依然在发展，依然在持续拓展和发挥更新更多的功能，让这个世界变得更好。如果横向来看，我们走访的大坝，在其投运时较之同时代其他的大坝是"更好的大坝"，新安江水电站是中华人民共和国成立后自行设计、自制设备、自主建设的第一座大型水电站，隔河岩、五强溪、漫湾三座水电站则属于改革开放以来中国水电建设的"五朵金花"之列；纵向来看，不同时代的大坝随着历史的推进，工程技术、综合效益等方面"一代比一代"更好；就单体大坝而言，经过技改、扩容、运行优化等手段，其发挥的各类效益也越来越好。

相较之工程技术本身，这次年会的主题更强调"造福更好的世界"。古往今来水资源的分布、调配、利用都是关乎国家和民族生存与发展的大事，水坝则是人类调节水资源时空分布和利用水资源的最主要的工程手段。减灾、发电、通航，这是水坝为人类创造"美好的世界"提供的基础，而大坝应经济社会快速发展的要求，还在不断拓展新的功能：水布垭—隔河岩—高坝洲梯级电站建设的拉动作用，以及蓄水新景观带来的旅游产业，对清江流域土家族聚集的贫困地区脱贫起到至关重要的作用；新安江作为一个历经近60年运行历史的老电站，早已突破设计时的发电、防洪主要功能，已经和富春江一起组成梯级，为杭州乃至长三角地区的绿色发展提供防洪、发电、压咸、供水等一系列保障。新安江库区的千岛湖，为当地培育了旅游经济、渔业经济、水源经济；五强溪水电站培育茶叶种植产业、漫湾水电站助力地方脱贫、天荒坪抽水蓄能电站对火电的减排作用……现在的水坝不仅仅是在为经济社会发展提供基础保障，其绿色特性也支持着我们不断探索"生态优先，绿色发展"之路。

最后想分享一下我们对大坝公众认知工作的一些认识和相关建议。

一、公众认知基础资料支撑需加强

我们所到的大坝在业界和社会上都是比较知名的，但业主企业中还是比较缺乏兼具专业知识和传播能力的工作人员，可供参考的基础资料也比较缺乏。往往建设期资料由专门部门人员收集整理，但运行期特别近些年的效益发挥、拓展方面的资料缺乏收集整理，大量资料散见于地方各个部门单位中，给公众认知工作深入开展造成很大难度。我们建议在行业内寻找专业文字、声像资料整理企业，为存在困难的大坝业主提供服务，为行业内媒体资料互通、融合提供服务，提高公众认知工作的效果和效率。

二、公众认知着力点还需紧跟公众关注点的变化

我们在多年的宣传工作中，比较偏重工程效益的实践结果，而对工程的科学原理的普及做得偏弱。年轻受众是公众认知工作的重要对象，他们喜欢质疑，但也喜欢学习。比如，我们应调整宣传角度，激发科普热情，将现象层面的认知深入到科学理论层面的认知。"中国大坝行"正在朝这个方向努力，也在谋划与果壳网、地球知识局等科学类新媒体合作生产此类内容。

三、公众认知传播导向还需与时俱进

水坝既是在用效益来为经济社会发展提供基础保障，也是在为"生态优先、绿色发展"理念的贯彻实践提供服务，甚至可以根据绿色发展的需

求不断拓展功能。我们应该梳理出水坝与实践绿色发展理念之间的关系，发掘水坝在打赢"蓝天保卫战""水污染防治战"中发挥的具体切实的作用，力求最大限度将水坝认知的传播，融入新时代新理念的传播工作中。

（谢泽时任《中国三峡》杂志"中国大坝行"系列报道负责人。本文由中国大坝工程学会水库大坝公众认知专委会2019年水库大坝公众认知论坛专题发言整理而成。文章有删减）

大藤峡的鱼道　摄影 / 李昆峰

星空下的特高压跨江输电线路　摄影／雷勇

拉西瓦水电站水库里的白天鹅　摄影／张文云

秭归旅游港　摄影 / 郑坤

工地大舞台　摄影／裴成新

三峡"机窝"里飞出欢乐的歌　摄影／郑斌

种子收获时　摄影 / 黎明

巫山红叶　摄影 / 黄正平

第三章
行走江河：
探寻人与自然
和谐共生之道

随着科技进步和产业升级，水库大坝领域正以创新为主导，实现高效能、高质量发展。

导　读

　　在中国大坝工程学会指导下，自 2018 年以来，中国大坝工程学会水库大坝公众认知专委会组织开展"中国大坝行"主题报道。"中国大坝行"的采访对象选取长江干支流上的向家坝和隔河岩，黄河干流上的小浪底、龙羊峡和李家峡，澜沧江上的漫湾，洞庭湖水系沅江上的五强溪，钱塘江水系的新安江，松花江上的白山等水电大坝，以及天荒坪抽水蓄能电站，代表我国不同时期、不同流域和不同功能的水库大坝工程。

黄登：澜沧江上绘宏图

孙　贺　田宗伟

发源于青藏高原唐古拉山西麓，在高山峡谷中一路奔腾南流，澜沧江以其得天独厚的水能资源成为中国十三大水电基地之一，而澜沧江水电开发自然成为推动周边经济发展的重要力量。

怒江州兰坪县境内，苍莽碧罗山下，中国已建成最高碾压混凝土重力坝——黄登大坝巍然屹立于此。黄登水电站，澜沧江上游（云南）河段梯级开发的第五级水电站，电站大坝高 203 米，装机容量 190 万千瓦，保证出力 507.95 兆瓦，年均发电量 78.11 亿千瓦时。作为"西电东送"和云南省打造绿色能源品牌的骨干电源点，电站从建设到运营，以"绿色发展理念"绘就了一幅澜沧江上风景优美、百姓安居乐业的诗意山水图。

在黄登水电站大坝左岸，一根长 24.6 米、直径 219 毫米的二级配碾压混凝土芯样和一根长 20.6 米、直径 219 毫米的三级配碾压混凝土芯样傲天而立，打破了当时世界最长碾压混凝土芯样取芯纪录。这意味着什么？曾参与黄登水电站建设的工程管理人员至今仍难掩激动，"是突破，一次重大突破"。

黄登水电站 203 米高的碾压混凝土重力坝是高山峡谷区、高碾压混凝土重力坝代表性工程。电站所选取的碾压混凝土重力坝坝型，是一种在施工速度和工程造价上比常态混凝土坝更具有明显优势的坝型，同时也是一种对原材料和施工控制精度有着极高要求的坝型。在施工过程中，如稍有不慎就可能会导致电站蓄水后大坝渗流量大等问题，这也一度让它的安全性成为坝工界争论的焦点。

黄登水电站大坝全景   摄影 / 顾克喜

　　黄登水电站建设规模大、投资大、工期紧，高山峡谷区建设超高碾压混凝土重力坝在中国水电建设史上尚无先例，缺乏经验借鉴，种种不利因素叠加，极大增加了黄登水电站建设施工难度。

　　中国工程院院士马洪琪曾说："黄登水电站是澜沧江流域建设难度最大的电站。"黄登大坝的建设承受着前所未有的质量控制压力与挑战。

　　建设科研团队通过分析、研究、对比国内多座碾压混凝土坝的施工工艺和质量控制，得出了"坝体碾压层面结合质量和上游面变态混凝土防渗是碾压混凝土重力坝施工控制的两个关键环节，直接关系大坝安全"的结论。

　　传统的碾压混凝土坝施工质量缺乏高精度、自动化的施工质量实时监控手段与方法，主要由人工通过巡检、旁站等方式进行控制，受人为因素影响大，质量控制精度低。为此，建设科研团队联合国内多家科研单位，进行系统创新和集成创新，在 200 米级碾压混凝土原材料及配合比性能试验研究、大坝混凝土温控反演分析及温控措施动态优化研究等系列重要成果基础上，研发了"数字黄登·大坝施工管理信息化系统"，对整个大坝施工进行 360 度全程监控，突破了传统方式的制约。

"数字黄登·大坝施工管理信息化系统"综合运用物联网、大数据、人工智能等新一代信息技术，设置工程信息管理、混凝土施工工艺监控、混凝土温控全面智能监控、大坝基岩灌浆监控、大坝安全监测管理、混凝土温控大坝施工进度仿真、决策支持、运行期后评价 8 个模块，创建了同期处于国际领先水平的高碾压混凝土坝"全过程全环节全要素"数字化管控体系，以全新的手段重塑传统坝工建筑物的质量管控体系，成功将全面数字化、部分智能化的手段运用到大坝质量管控中，推动水电建设向全面智能化建造迈出了重要一步。

在"数字黄登·大坝混凝土施工工艺监控及质量评价系统"下，黄登水电站大坝仿佛长满了眼睛，大坝仓面被划分为若干个网格，每个仓面从

黄登水电站库区　摄影／顾克喜

"下料"开始就被全程"跟踪"。系统将数据传输回控制中枢，对混凝土坯层的暴露时间、碾压遍数、速度、轨迹和激振力进行实时监控。建设管理人员只需在电脑上轻轻一点鼠标，就可以看到每一个仓面的混凝土施工情况，实时进行现场施工调度，确保混凝土的碾压质量。针对大坝上游面防渗施工监管难的问题，采用变态混凝土加浆监控数学模型，对加浆过程中的加浆量、浆液浓度、加浆位置等参数进行监控，当加浆参数不达标时，实时向管理人员发送报警信息，保障了上游面变态混凝土的防渗性能。

在"数字黄登·大坝施工管理信息化系统"的支撑下，黄登大坝以年均浇筑高度 68.3 米的高效施工，仅历时 3 年，就完成了 203 米高的大坝浇筑，浇筑方量达 350 万立方米。黄登水电站顺利投产后，坝体坝基渗流量小于 10 升每秒，创下了国内同坝型、同规模最小的纪录。用过硬的数据让碾压混凝土坝摆脱了坝工界对其安全性的质疑。2019 年，黄登水电站荣获"第四届碾压混凝土坝国际里程碑奖"，黄登水电站 200 米级高碾压混凝土坝数字化建设创新及实践获"中国大坝工程学会科技进步奖一等奖"。2022年，黄登水电站荣获"国家优质工程金奖"。

值得一提的是，"数字黄登·大坝施工管理信息化系统"不仅对施工原材料品质的控制、骨料运输、混凝土生产过程、混凝土碾压施工控制和温控防裂实施全过程全天候监控，也积累了丰富的施工期数据资产，为后期的运行维护提供了重要依据。同时，将后期运行维护纳入到整个体系之中，电站运维期可通过施工期数据与运维期监测数据的空间关联分析等进行综合分析评价，提高水工智能化运行水平，实现了数字建造技术的"全坝全过程全要素"应用，实现了水电站的全生命周期管理，让大坝建设管理迭代升级，更让水电站运管迈向了智能化新时代。

（摘编自《中国三峡》杂志 2023 年第 11 期，作者：孙贺、田宗伟）

糯扎渡：中国土石坝的里程碑

王芳丽

糯扎渡水电站位于云南省普洱市思茅区和澜沧县交界的澜沧江下游干流上，是澜沧江上最大的水电工程，总装机容量585万千瓦，保证出力2506兆瓦，设计多年平均发电量239.12亿千瓦时。工程以发电为主，兼具防洪、改善下游航运、灌溉、渔业、旅游和环保等综合效益。

糯扎渡水电站工程规模巨大，创新成果突出，为我国300米级心墙堆石坝的建设、质量管控、运行管理及规范标准的制定提供了宝贵的经验，是中国乃至亚洲超高土石坝的里程碑式工程。

我们终于见到了糯扎渡的砾石土心墙堆石坝。

就土石坝建设而言，国内现行规范仅适用于200米以内的大坝，而糯扎渡的坝高达到了261.5米，从国内外水电行业来看，300米级别的土石坝并无多少经验可以借鉴。对于这种巨量级土石坝而言，工程规模一旦变大之后，其建设难度就会由量变引起质变，呈几何级数方式增长。

糯扎渡水电站于2004年筹建，2012年首台机组发电，2014年全部机组投产，是"西电东送"和"云电外送"的主要电源点。电站枢纽工程由砾石土心墙堆石坝、左岸开敞式溢洪道及消力塘、左右岸各一条泄洪洞、左岸引水发电系统及地面副厂房、出线场、下游护岸工程等组成。整个电站枢纽区仿佛一个美丽的大花园。

糯扎渡砾石土心墙堆石坝坝顶高程为821.5米，心墙基础最低建基面

糯扎渡水电站　供图/糯扎渡电厂

为560米，最大坝高为261.5米。坝顶宽度为18米，上游坝坡坡度为1∶1.9，下游坝坡坡度为1∶1.8。坝体中央为直立心墙，心墙两侧为反滤层，反滤层外是堆石体坝壳。

开敞式溢洪道布置于左岸平台靠岸边侧，呈直线布置，采用挑流与消力塘消能，消力塘采用护岸不护底的衬砌形式。现场看过去，开敞式溢洪道就像一个巨型滑梯，渠道到消力塘末端的水平总长度为1445米，宽为151米。

糯扎渡水电站主要工程材料就地取材，这里富产一种红色土壤，黏性强，密度大，非常适合作为心墙的原料。为了充分利用工程开挖料作为坝体填筑料，减少料场补充开采量，不仅是心墙料，包括堆石料、反滤料、接触黏土及护坡石块儿都优先使用工程开挖料。其中，回填率达到半数以上，这种"回收再利用"的方法，不仅最大限度降低了对环境的影响，同时也节约了成本，缩短了工期。

工作人员告诉我们，当时糯扎渡是亚洲最高的土石坝，比之前建成的小浪底工程、瀑布沟工程跨越了约100米级台阶，建设过程中缺乏现成的经验以供借鉴，急需针对"高水头、大体积、大变形"条件下260米高以上超高心墙堆石坝成套筑坝技术进行研究。糯扎渡水电站也是国内首次建设300米级心墙堆石坝，是超规范、超经验的世界级里程碑式工程，每一步都是摸索前行。

随着大坝坝高增加，坝体沉降变形量迅速增加，变形控制难度越来越大，作为当时中国最高的土石坝，糯扎渡天然土料不能满足用量需求。建设人员及专家提出掺入人工碎石防渗土料的解决方案，并通过开展室内和大型现场试验研究，确定了既满足变形要求且经济合理的掺入比例（35%），并制定了防渗、力学等合适的设计指标参数要求。这一举动在之前的土石坝中是没有先例的。实验数据表明，采用掺入人工碎石防渗土料后，心墙土料压缩模量提高近一倍，使坝体沉降变形大幅度减小，同时防渗性能也很好。根据大坝建成后的监测资料显示，大坝实际变形及渗流量指标均远远优于国内外同类工程。

建设者们还开创了平铺立采的掺合方法，以及合适的土、石铺层厚度和具体的掺合工艺；研发了直径600毫米超大型击实仪，并与等量替代法进行相关对比分析，确定了152毫米三点快速击实法检测心墙掺砾石土料填筑质量的快速检测方法，提高了检测效率；首次系统提出了人工碎石掺砾防渗土料设计、施工工艺、质量控制成套技术。

由于填筑物料为石料、黏土等材料，一般人眼里的土石坝"土气"十足，与混凝土大坝相比，土石坝体型巨大，显得粗犷豪放，给人以"科技含量不够"的印象，但是走进糯扎渡才知道，土石坝不仅不土，反而科技又环保。

糯扎渡工程建设过程中，建设者们不仅对超高心墙堆石坝的特性、计算分析方法、坝体结构、抗震措施、施工工艺及质量控制标准展开了系统深入的研究，解决了制约超高心墙堆石坝大坝建设时期筑坝关键技术问题，还首次成功研发了"数字大坝"系统，实现了对坝料来源、质量、施工工艺和方法等全过程实时、在线监控，确保了大坝的施工质量优良，是世界大坝建设质量控制技术的重大创新。

地下主、副厂房修建在左岸山体当中，总长 418 米，最大跨度 31 米，最大高度 81.6 米，布置 9 台单机容量为 65 万千瓦的发电机组。尾水调压室为圆筒式，尾水隧洞共 3 条，3 台机组共用一个调压室和一条尾水隧洞。糯扎渡地下引水发电系统规模巨大，由 140 条地下洞室群组成。地下厂房所在的山体全是坚硬的花岗岩，开挖难度很大。"人家打洞子就怕地质条件不好，容易塌方，需要各种支撑锚固，我们地质条件太好了也愁，挖不动啊，太硬了，体量太大了。"工作人员又开始向我们笑着"抱怨"说，"为了布置出线场等设施，半个山头都被平整了，花岗岩的山啊。"难怪地下厂房顶部似一座平整的小花园，我们曾在上面向下俯瞰深不见底的出线口，丝毫没意识到这里原来是一座高山，并且是将澜沧江"掐"成"小蛮腰"，为修建糯扎渡水电站创造条件的两山之一，实在失敬。

糯扎渡工程建成投产后，电站生产运营坚持智能化发展道路，努力探索"状态检修、运维合一、无人值班"的新型生产管理模式，终于在首台机组投产发电 8 周年之际，2020 年 9 月 6 日 9 时 6 分 6 秒，正式实施无人值班。

（摘编自《中国三峡》杂志 2023 年第 1 期，作者：王芳丽）

向家坝水电站的黄金十年

杜健伟

　　向家坝水电站是金沙江梯级开发中最末端的一个电站，是金沙江干流唯一一座同时具有发电、防洪、过坝通航、超大型农田灌溉、拦沙和对溪洛渡水电站进行反调节等多功能的电站，也是党的十八大以来我国投产发电的首座单机容量80万千瓦的巨型水电站。

航拍向家坝水电站（资料图片）

赋能，源自 80 万千瓦机组的澎湃绿电

走进左岸电站厂房，4 台 80 万千瓦机组整齐排列。十年前，他们曾记录了世界单机容量最大水轮发电机组投产的辉煌瞬间，也铭刻了中国水电装备从 70 万千瓦向 80 万千瓦的历史性跨越。

站在正在运行的发电机盖板上，未感觉到丝毫震动。很难想象，一个几千吨重的大家伙正在脚下飞速转动。这里的 4 台机组和安居在右岸的 4 台机组一道，将奔流的金沙江水能转化为澎湃电力。

三峡集团向家坝电厂厂长段开林告诉记者，自 2012 年 11 月首批机组投产发电，截至 2022 年 9 月 27 日，向家坝水电站已累计发电超 3000 亿千瓦时，相当于减少标准煤消耗 9045 万吨，减排二氧化碳 24840 万吨。

"2014 年 7 月，向家坝水电站全面投产发电。自 2015 年以来，年均发电量超过 323 亿千瓦时，6 年超额完成发电任务。2019 年发电量更是创下历史新高，达到 337.2 亿千瓦时。"段开林说道。

向家坝电厂自建厂以来，已安全生产超过 3800 天，发电设备开停机成功率、等效可用系数、年利用小时数等关键运行指标始终保持行业领先水平。向家坝水电站安全高效稳定运行，也是我国不断掌握 80 万千瓦级水轮发电机组运行规律、不断提高机组运行管理水平的一个强有力的证明。

"仅需 4 分 28 秒，就能重启一座电站。"段开林向记者介绍了名为"一键 A 类黑启动"的创新成果。

所谓黑启动，是指在电站完全停运的状态下恢复正常运行，反映电站应对突发情况、保障电力稳定供应的能力。向家坝水电站 4 分 28 秒"一键 A 类黑启动"技术在行业内名列前茅，为行业内大型水轮发电机组的黑启动提供了"向家坝"样本。

"向家坝电厂聚焦大水电运维管理核心技术，进行了一系列前瞻性设备

自主可控应用研究，相关创新成果在提高设备运行可靠性、提升检修效率等方面发挥了显著作用。"段开林说。

惠民，为幸福生活

和机组同样"忙碌"的，还有向家坝升船机。

向家坝升船机布置在金沙江河道左侧，全长约 1530 米，最大提升高度 114.2 米，抗震设防烈度 7 度，为当时世界单级提升高度最高、抗震设防烈度最高的大型垂直升船机。

记者采访时，正好见到一艘货船搭乘着升船机从下游升至上游河道，大约 45 分钟货船就成功过坝，整个过程相当平稳。

在升船机调控中心，向家坝电厂党委书记罗仁彩告诉记者，从 2018 年 5 月试通航以来到 2022 年 8 月 1 日，向家坝升船机已累计过船超过 12000 艘，通过货物超 480 万吨，促进了向家坝库区腹地经济发展。

航拍向家坝水电站升船机（资料图片）

"经过向家坝电厂的精心维护与运行，升船机运行安全高效，枢纽河段通航有序畅通，通航联合调度管理机制日趋完善，船舶过机运输量逐年提高。"罗仁彩介绍说，"2021年，向家坝升船机全年货运量达到148万吨，已连续三年超额完成112万吨设计货运指标。"

向家坝水电站对通航的助益还不止于此。

随着向家坝水库蓄水，上游84处碍航滩险被淹没，库区河段成为行船安全的深水优质航道，下游也随着电站调节提高了最小通航流量，将"黄金水道"的发展机遇提供给更多向家坝库区群众。

"向家坝水电站的建设与运行，有效改善了库区和下游航运条件，坝址货运量由工程建设前20万~30万吨每年，增长至850万吨每年（含翻坝转运量），货运量显著提升。"罗仁彩通过一组数据对比，展现了向家坝水电站对金沙江沿岸航运事业跨越式发展作出的贡献。

在持续稳定提供绿色清洁能源，促进经济社会可持续发展的同时，向家坝水电站也发挥着显著的防洪效益。

向家坝水电站总库容51.63亿立方米，防洪库容9.03亿立方米，具有控制洪水比重大，距离防洪对象近的特点。"溪洛渡—向家坝梯级水库联合调度，在保证枢纽工程安全的前提下，将下游沿岸的宜宾、泸州、重庆等城市的防洪标准从以往的不到20年一遇提高至50~100年一遇的水平。"段开林表示，"配合三峡工程联合防洪，还进一步提高了荆江河段的防洪能力，保障人民生命财产安全。"

据统计，向家坝水电站蓄水运行以来，已拦蓄洪水21次，总蓄洪量达到56.54亿立方米，极大程度地保障了长江流域防洪安全和人民群众生命财产安全。

数字化，电站高效运行的"密码"

在了解向家坝水电站基本情况和近十年来的运行成绩后，记者有了一个疑问：向家坝电厂有什么管理秘诀，能让电站高效发挥一系列综合效益？

向家坝电厂副厂长秦小元进行了解答，他的答案是"数字化"。

"向家坝电厂在运行、检修、经营、管理等多个业务领域，充分利用现代信息技术，促进了数字化转型。"他这样说道。

"以我们自行建设的全电站管理中心为例，这套系统实现了生产管理数据的汇聚，通过应用大数据技术对数据进行分析、统计和综合利用，极大提升了电厂生产管理工作效率。"

机组检修是电站运行的重要环节，每次检修的记录可以看作设备全生命周期的"健康档案"，对跟踪设备健康状态、合理安排后续检修等工作具有重要意义。

"过去，设备检修的过程记录大多采用纸笔进行现场记录，后期再通过

向家坝水电站地下厂房（资料图片）

电脑制作成检修报告等电子文件，存在录入过程烦琐、效率较低、数据记录格式不规范等问题，亟须利用数字化技术手段提高工作效率、规范检修过程管理。"

秦小元说，现在向家坝电厂的检修人员通过集成在全电站管理中心的检修管理模块，只需要访问网页端和移动端 APP，在手机上就能同步进行检修过程数据的录入，录入的数据可自动存储在服务器中，并能实时提供对比、分析和统计功能，为检修人员快速判断检修结果提供辅助支持。此外，该模块实现了检修流程规范化管控，能实现任务下发、数据记录、质量验收、检修报告编制等检修管理工作的各个环节功能，为检修人员提供便利和支持，既提高了检修效率，又做到了检修过程的规范化管理。

投产十年来，向家坝水电站为保障国家能源安全、提高流域水资源利用效率、促进西南地区水运通江达海、带动区域经济社会发展和促进环境保护发挥了巨大作用。这颗坐落在金沙江畔的水电明珠，正在续写属于它的"黄金时代"。

（摘编自《中国三峡》杂志 2022 年第 10 期，记者：杜健伟）

山河为证，黄河上的"中国红"

——探访李家峡水电站

王芳丽 ■■■■■■■

中华人民共和国成立后，黄河上游梯级水电站布置逐渐成形。20 世纪 80 年代后期开工建设的李家峡水电站，单机容量 40 万千瓦，首次突破龙羊峡水电站的 32 万千瓦，总装机容量达到 200 万千瓦。

在中国水电领先世界的今天，李家峡水电站的成就看起来也许平平无奇，然而正是因为有了许多像刘家峡、龙羊峡、李家峡这样的先行者，在坝工技术和机组国产化的道路上不断摸索，中国水电才得以不断勇攀高峰，领先世界。

2021 年 8 月，我们踏上第一批"中国大坝行"项目的最后一站，探访黄河上的李家峡水电站。

铜墙铁壁，拥抱逝水流年

李家峡水电站坝址选在青海省尖扎县与化隆县交界处的李家峡峡谷中段，距离上游龙羊峡水电站 108.6 公里，是黄河上游规划的第三座大型水电站。

1987 年，李家峡水电站兴建之时，正是水电机组国产化和坝工技术发展的黄金时期，大批总装机百万千瓦级水电站都在这一时期开工建设，虽有部分前人经验可供借鉴，但每个电站的自然条件差别巨大，电站建设者

李家峡水电站（视觉中国）

们面对的依然是一条条荆棘之路。因而这一时期的电站，普遍都带有一点试验性质，那就是敢于创新，大胆使用新技术，为后来的筑坝技术和机组国产化水平的提升提供了宝贵的经验。

李家峡水电站作为当时西北最大的水电站，创造了许多至今仍然值得一提的领先成绩：国内首台单机容量 40 万千瓦机组；大型引水压力钢管裸露于大坝表面（背后）设计方案，属国内首创；首次采用坝后（厂房）梅花状双排机组布置；最大坝高 165 米，是当时中国最高的双曲拱坝。

也许只有去过李家峡，才知道创造出这样的成绩有多难。

我们站在李家峡水电站的观景平台上，顿时被眼前景象所震撼。山体在自然环境的侵蚀下，形成如柱如塔、似壁似堡、似人似兽的奇特形态。

陪同的工作人员说，电站不远处就是坎布拉森林公园，以丹霞地貌著称。丹霞地貌是由红色砂砾岩构成，岩体表面丹红如同彩霞。奇峰、洞穴、峭壁是其主要地貌特征。如果单从审美的角度去看，你会惊叹于大自然的鬼斧神工，但当我们真正站在这片土地上，脑袋里只有一个想法——这样的地方也能建电站？

据说当时建设工人们刚到李家峡的时候，也有这样的疑惑，他们戏称李家峡峡谷为"红帽子白身子"，即顶部为红砂岩，底部为风化灰白岩石。李家峡水电站是黄河上首个采用招标方式建设的大型水电站。1987年8月，水电四局工人发挥水利建设者吃苦耐劳的"铁人"精神，迅速从龙羊峡的战场挥师到李家峡，以十年时间铸就钢铁般稳固的李家峡水电站。

李家峡水电站所处位置的岩层是10亿年前地壳活动时，从地球深处喷发的堆积体，在地质学上称为"Ⅳ～Ⅴ类"的围岩，其特点是裂缝发育迅速，峡底岩层断槽纵横，为黑云更长质带状混合岩，黑云角闪斜长片岩，间夹有花岗伟晶岩脉，破碎的岩体随处可见。这种复杂的地质条件，在当时已建和在建的电站中都极为特殊罕见。

据当时李家峡水电站的施工日志记载：在全长1176米的导流洞主洞开挖中，累计塌方314次。广大建设者为解决这一问题，开始普遍推行"新奥法"施工，即控制爆破的喷、锚、网、顶、撑等综合措施，尤其是洞身的混凝土衬砌中，采用取消拱座（以深锚筋桩代替）先浇拱顶、后浇边墙的"吊顶"浇筑新工艺，解决了塌方问题。一位瑞典专家在李家峡水电站导流洞施工现场考察后惊呼：这简直是在面包里面打洞！

不仅洞难打，大坝主体建设和边坡治理同样是一场硬仗。

李家峡工程初设审定坝型为拱形整体重力坝。由于河床坝基发育有多条顺河向断层，且多组构造相交切，岩体整体性较差，河床顺河断层的处理难度较大。为提高工程的安全可靠度，节约混凝土工程量，坝型最后调整为将大部分荷载传向两岸岩体的三圆心双曲拱坝。

由于大坝基础和两岸坝肩地质条件复杂，为了保证电站建设的质量，建设者们采用了许多新技术。例如，对双曲拱坝坝肩岩体深层抗滑稳定采用抗剪传力洞混凝土网格置换及大吨位预应力锚索加固；对近坝大型库岸滑坡采用"削头"减载和"压脚"措施；对下游消能区滑坡则采用大型模袋混凝土护坡，辅以锚索加固及加强排水等处理措施。

山体破碎，就把两岸山体用锚索像纳鞋底一样"缝"得紧致牢固，再大面积喷上混凝土，李家峡顿时就变得铜墙铁壁一般，拥抱着奔流而下的黄河。李家峡的边坡根据山体走势建成一个个混凝土多边形，上面布满了密密麻麻的锚索，看起来十分具有"科技感"。

大坝建成后的 20 多年间，质量和安全经受住了时间的考验，裂缝、变形等问题都在预测范围内，边坡及滑坡体也因上述举措保持在较为稳定的状态。可以说，李家峡水电站的建设为后来国内外复杂地基、高拱坝地基处理及干旱地区边坡治理都提供了宝贵的经验。

李家峡水电站大坝坝高为 165 米，坝基最宽处达 45 米，坝顶宽仅 8 米。由于坝址所在地峡谷过于狭窄，规划的 5 台 40 万千瓦的机组无法在坝后排成一整排。最初李家峡水电站的厂房布置形式，选择的是坝后 3 台明厂房和 2 台窑洞式地下厂房。后来鉴于坝址地质条件不良，拱坝坝肩不稳定等因素，不得不放弃开辟地下厂房的想法。最终建设者们想到了双排机组厂房布置，但这种形式在国内没有先例，电站就组织专家到苏联双排机组厂房布置电站及莫斯科水电设计总院进行考察咨询，并最终确定了这种方案。这是中国首次采用双排机组布置的水电站，也是世界上最大的双排机布置的水电站。

黄河上游来水先后流经青海、甘肃、宁夏 3 省（自治区），水量大而稳定，水库淹没损失小，水电建设工程地质条件优越，河段全长918千米，集中落差约1324米，高海拔河段水利资源丰富，水电开发条件好，经济指标优越，是我国水电资源中的"富矿"，被列入国家重点开发的八大水电基地之一。

2000年，李家峡水电站正式划转国家电投集团黄河上游水电开发有限责任公司（以下简称"黄河公司"）。迄今为止，黄河公司拥有黄河上游龙羊峡、拉西瓦、李家峡、公伯峡、积石峡、大通河流域、陕西嘉陵江、西藏波罗等水电站18座，并按照"流域、梯级、滚动、综合"的开发原则，科学开发、管理水电资源，逐渐形成黄河上游水电基地。

李家峡水电站自从成为黄河上游滚动开发的母体电站以后，综合效益被进一步放大。从投运之初，李家峡水电站就主动承担起西北区域内省间送电的重任，多年来持续将"清洁黄河电"沿黄河流域送至甘肃、宁夏。

（摘编自《中国三峡》杂志2022年第5期，作者：王芳丽）

龙羊峡水电站：水光互补新典范

田宗伟　李鑫业

黄河干流上兴建的水电站有大大小小几十座。其中，兴建最早的，是三门峡水电站（1957年开始修建）；装机容量最大的，是拉西瓦水电站（420万千瓦）；最靠近源头的，是黄河源水电站（2017年已拆除）；最末一级的，是小浪底水电站。那么，龙羊峡水电站的看点在哪里呢？中国大坝工程学会何以要把龙羊峡水电站列为我们首批走访的对象呢？

龙羊峡水电站修建于20世纪七八十年代，尽管施工的大部分时段已是改革开放之后，但施工手段仍是很落后，机械化程度很低，加之地处青藏高原，空气缺氧，树无一株，房无一间，施工条件极其艰苦。但施工人员硬是凭着肩挑背扛创下了黄河第一坝、亚洲最大的大坝，单机容量最大、海拔最高的电站，以及中国最大的人工湖等"多个第一"。

有文章这样写道：在那样的一个年代，这是中国人精神的一种凝集，是信仰、是精神，甚至是生命的堆积。龙羊峡水电站见证了国家在困难时期建设大型水利工程的决心，体现了社会主义体制的优越性，这些数字，代表了20世纪80年代中国水电建设和机电制造的先进水平。每一个数字都闪耀着智慧的光芒和不屈的精神，这是一代中国人在雪域创造的伟大工程，在高原树立的一座时代丰碑。

我终于明白，那个时候的龙羊峡水电站，也就像今天的三峡工程，那是一个时代的符号，是一段光荣的岁月，是一种国家的骄傲……

龙羊峡水电站从1976年开始建设，4台机组于1987年12月至1989年

龙羊峡水电站　摄影/王国栋

龙羊峡水库大坝泄洪（视觉中国）

6月间相继投产发电；泄水建筑物的底孔深孔中孔在 1987 年至 1989 年间相继投入使用；1990 年主坝封拱高程至 2610 米；1993 年工程销号，未完工的项目转入尾工工程施工。

　　从 1987 年 12 月首台机组投产发电算起，至 2021 年龙羊峡水电站已运行 33 周年，其发电、防洪、防凌、供水、灌溉、旅游等多种效益十分显著。

　　发电效益。龙羊峡水电站安装了有 4 台单机容量 32 万千瓦总装机容量 128 万千瓦机组，自 1987 年首台机组投产发电以来，连同 2015 年投产的 85 万千瓦光伏机组，截至 2021 年 10 月 31 日，已累计发电 1705.46 亿千瓦时，为西北各省区的国民经济发展作出了重要贡献。由于电站装机容量大，水库调节性能好，龙羊峡水电站还是电网的主要调峰、调频和事故备用厂，由此相应地减少了网内火电机组因调峰、调频和事故备用而增加的煤耗，从而提高了整个电网运行的经济性。

黄河上的水电站地理位置图　制图/田宗伟

　　龙羊峡水电站的"龙头"位置还决定了它的水库控制运用将直接影响其下游刘家峡（122.5 万千瓦）、盐锅峡（35.2 万千瓦）、八盘峡（18 万千瓦）、青铜峡（27.2 万千瓦）梯级水电站的发电出力。从径流调节的角度看，是具有多年调节性能的"龙头"水库，其作用主要有两个方面：一是年内丰枯季水量调节，即减少汛期弃水，增加枯水期发电水量和抬高发电水头；二是通过调节年际之间水量，减少丰水年弃水，将丰水年份多余水量留待枯水年份用，以达到多发电的目的。

防洪与防凌效益。龙羊峡水库不仅具有较强的径流调节能力，其设计调节库容达 193.6 亿立方米，而且防洪能力也较大，设计调洪库容 51.8 亿立方米。由于龙羊峡水电站的投入，其下游梯级电站和城镇的防洪标准逐步得到提高。其中，刘家峡水电站将由龙羊峡水电站建库前的 3000 年至 5000 年一遇洪水校核标准提高到可能最大洪水校核标准，盐锅峡水电站由 1000 年一调提高到 2000 年一遇洪水校核标准，八盘峡水电站由 300 年一遇提高到 1000 年一遇洪水校核标准。兰州市虽仍然维持 100 年一遇防洪标准，但其上游刘家峡水电站下泄流量将由 4770 立方米每秒降至 4290 立方米每秒。

灌溉与供水效益。龙羊峡水库作为多年调节水库，设计调节库容 193.6 亿立方米，库容系数 0.94，具有非常强的径流调节能力，不仅能进行年内水量调配，而且还能进行水量年际间调配，将丰水年份多余水量存蓄在水库，待枯水年份向下游补水，以解决枯水年份下游沿河人民生活、工业、农业、生态用水需求。据统计，1990 年至 2018 年，龙羊峡水库向下游净补水 14 年，累计补水量 408.3 亿立方米，年平均补水量 29.2 亿立方米，其中 2002 年龙羊峡水库入库水量创历史最低值，仅为 109 亿立方米（设计多年平均径流量为 205 亿立方米），当年龙羊峡水库向下游补水 42.4 亿立方米，有效地缓解了沿黄各省（区）用水紧张局势。

龙羊峡水电站建成前，宁夏、内蒙古春灌用水由刘家峡水库承担，但随着灌溉面积的扩大及刘家峡水库调节能力有限，春灌用水矛盾越来越尖锐，尤其是当 5 月、6 月来水偏枯的年份。自龙羊峡水电站投产以后，春灌用水由龙羊峡、刘家峡两库共同来承担，进一步提高了用水量和保证率。同时，因增加了 5 月、6 月河道流量，使青海、甘肃沿黄河地区灌溉用水条件得到了改善。随着灌溉用水得到了较好满足，包头市的工业、生活用水也相应得到了保证。更为重要的是，龙羊峡水库建成后，自 1999 年起，实现了黄河干流不断流，对沿河生态及河口湿地的生态安全作出了巨大贡献，以水资源的可持续利用最大限度地支撑了流域及沿河地区经济社会的可持续发展。

龙羊峡水电站是我们国家在困难时期在高海拔地区建设的大型水电站，代表了那个时代我们国家水电建设和机电制造的最高水平，曾是一个时代的符号。近些年来，龙羊峡水电站又频频出现在媒体上，那是因为，它成功解决了光伏发电、风力发电等间歇式能源给电网带来的负面影响，创新性地实现了传统能源与新能源有效协调运行，开创了传统能源与新能源协调运行的先河，也使我国光伏发电产业走在了世界前列，成为当今环保能源的新标杆。

（摘编自《中国三峡》杂志 2021 年第 11 期，作者：田宗伟、李鑫业）

梦启新安江

谢 泽

　　新安江水电站位于浙江省建德市境内的新安江铜官峡，是中国第一座自行设计、自制设备、自行施工建设的大型水电站，被人们誉为"长江三峡的试验田"。

烟雨缥缈中的新安江大坝　摄影 / 黎明

新安江水电站大坝为混凝土宽缝重力坝，最大坝高 105 米，水库总库容 216 亿立方米。电站总装机容量为 85 万千瓦，多年平均发电量 18.6 亿千瓦时。电站于 1957 年 4 月开工，1960 年 4 月第一台机组发电，1965 年竣工。1978 年 10 月，电站全部投产，至今已安全稳定运行近 60 年。当前，新安江水电站主要担负华东电网调峰、调频和事故备用，并有防洪、灌溉、航运、养殖、旅游、水上运动、林果业等综合效益。

新安江水电站是社会主义制度集中力量办大事的范例，是中国水利电力史上的一座丰碑、中国人民勤劳智慧的杰作。新安江水电站的建设为国家建设大型水电站积累了宝贵经验，也为国内多座大中型水电站输送了大量人才。新安江水电站先后向富春江、葛洲坝、紧水滩、天荒坪等电站和地方建设输送管理和技术人才 1000 多人。以两院院士、中国工程院副院长潘家铮为代表的杰出水电专家，以及柴松岳、葛洪升、孙华锋、苏立清、钟伯熙等一批优秀人物，就是在新安江水电站经过锻炼，先后走向水电战线各个战场和领导岗位的。

三年实现发电：新中国的水电奇迹

为满足长江三角洲地区，特别是上海市工农业生产发展的电力需求，1956 年春，水利部、电力工业部提出提前建设新安江水电站的请求。

我国在第二个五年计划中计划建设容量在 60 万千瓦以上的电站有 9 座。这 9 座电站中的任何一个电站要提前上马，不仅关系到国家计划的改变，更关系到国家的财力，以及建设电站所需的各项物资、技术、人员等能否保证满足需求。面对水利部、电力工业部的请求，周恩来总理在多次主持国务院会议进行研究，听取各方专家的意见，进行深入论证后，于 1956 年 6 月 20 日亲自批准将我国第一座大型水力发电站——新安江水电站项目提前列入国家第一个五年计划和 1956 年计划项目，工程立即上马。

　　由上海勘测设计院编制的初步设计书经批准后，从1956年8月起，新安江水电站工程着手进行内外交通、生产生活用房、施工附属企业等准备工程施工。1957年4月，新安江水电站主体工程正式动工兴建。2万名职工云集在新安江两岸、上下游10公里范围内的建设现场，在浙江、安徽和上海各界人民的大力支援和全国近百家科研院校、工矿企业的协作下，自力更生，艰苦奋斗，施工进度不断加快，工期一再提前。1957年8月开工后，工程量达10万立方米的第一期木箱填石围堰仅用115天，到1月21日就实现合龙。右岸河床大坝基础石方开挖工程迅速展开，1958年混凝土浇筑工作面陆续移交。大坝混凝土于1958年2月18日开始浇筑，比原计划提前半年，到1958年8月，大坝右坝体就升出了水面。同年10月1日左岸二期围堰实现合龙，新安江水电站工程由一岸施工到全河段施工，工程建设进入了一个新阶段。

正在运行的新安江水电站　摄影 / 黎明

1959 年 9 月 21 日，新安江水电站最后一个导流底孔顺利封堵，水库提前 15 个月开始蓄水。同年年底，由哈尔滨电机厂试制成功的第一台 7.25 万千瓦水轮发电机组安装完毕，1960 年 4 月开始发电，比原定计划提前了 20 个月。电站从正式开工到首台机组发电，只花了 3 年时间。1960 年 5 月，第二台机组发电；9 月，电站通过 220 千伏新安江—杭州—上海高压输电线路向杭州、上海送电。至 1977 年 10 月最后一台机组安装调试完成，新安江水电站全部机组共 66.25 万千瓦全部投入系统发电。1999 年 4 月，新安江水电站增容改造，2005 年完成后装机容量提升为 82.75 万千瓦，额定总出力提高 27% 以上。

大宽缝重力坝：新安江的"轻巧"设计

新安江水电站的坝址，选择在靠近下游的铜官峡峡谷中，地质条件复杂。历经了远古时期剧烈的地质构造运动，岩层发生了倒转，产生了褶皱，使基岩中出现了大大小小的断层、破碎带、节理和裂隙。经过漫长岁月，基岩表面强烈风化，特别在断层和裂隙相交处，往往破碎成碎块。在这样的条件下修建一座高水头大坝，是一个巨大的设计施工难题。

为解决这个难题，勘测设计人员对铜官峡的复杂地质情况做了详细的调查，充分掌握了地质资料，选择了一条最合适的坝轴线。针对坝基地质缺陷，首先进行大量开挖，把表层破碎岩石尽量爆破挖除；然后再进行灌浆修补工作，用钻机在岩石中钻出孔后，用高压水冲洗岩石内的裂隙节理；再用高压将水泥浆灌入裂隙中，把破碎的岩石胶结成一个牢固的整体。此外，对坝基上的一些断层、页岩、破碎带等，都做了细致的加固工程。新安江水电站蓄水后，精密观测测量结果显示，坝基渗漏量合乎标准，大坝未出现不利的沉陷、断裂、错动和塌方，完全满足了设计要求。

新安江水电站的拦河坝是一座混凝土重力坝，坝体全长 466.5 米，最大坝高 105 米。这座大坝的最大特点在于坝体内设有巨大的宽缝。

重力坝需要分段施工，相邻坝段间会形成一条横向伸缩缝。一般重力坝的这条横缝往往宽约 1 厘米，缝间设止水系统防止漏水。而宽缝重力坝相邻的坝段除了上下游两端相靠外，在内部会留出一个空腔，这个空腔就被称为宽缝。新安江水电站拦河坝的宽缝宽度，已达坝体总宽度的 40% 以上，可以称为大宽缝重力坝。

新安江水电站设置宽缝，主要是为了改善坝体工作条件，增加大坝安全性，减少工程量。蓄水后，水在高压之下沿着基础面渗透进来，会形成扬压力，抵消大坝自重，影响大坝安全运行。大坝设置宽缝后，渗透水可以从宽缝中排出，减小扬压力，工程量也大为降低。新安江宽缝重力坝总混凝土量就比实体重力坝节约二三十万立方米。此外，宽缝对大坝的温控、施工、维护、检查都创造了更为有利的条件。

新安江水电站运行期间，工程人员通过坝体埋设的测量设备对大坝应力和变形情况进行了观测，证实新安江水电站宽缝重力坝的安全性和可靠性。通过在新安江水电站上的设计实践，我国的宽缝重力坝设计理论实践获得极大的发展。

（摘编自《中国三峡》杂志 2019 年第 9 期，作者：谢泽）

天荒坪：高山之巅的别样风景

吴冠宇

　　天荒坪抽水蓄能电站位于浙江省安吉县境内，是我国"八五"期间动工兴建，"九五"期末建成的重点工程，是华东地区第一座大型抽水蓄能电站，也是我国已建的抽水蓄能电站中单个厂房装机容量最大的一座，在世界同类电站中位居前列。

　　天荒坪抽水蓄能电站枢纽包括上水库、下水库、输水系统、地下厂房洞室群和开关站等部分。下水库位于太湖流域西苕溪支流大溪上。水库设有一座面板堆石坝，坝高92米，坝顶高程为350.2米，坝长225.11米；左岸设有溢洪道，采用侧槽自由溢流方式，不设闸门，这样既减少了工程运行费用，又提高了工程的安全性。下水库最高蓄水位为344.5米，相应库容为859.56万立方米；设计洪水位为100年一遇洪水位347.31米，校核洪水位为1000年一遇洪水位348.25米，可能最大洪水洪水位349.29米。

　　上水库位于天荒坪和搁天岭之间，是利用天然洼地挖填而成，由一座主坝和四座副坝组成，均为土石坝，主坝最大高度72米。主副坝和库底防渗均采用沥青混凝土护面。设计最高蓄水位为905.2米，相应库容919.2万立方米，这相当于能盛下一个西湖。

天荒坪抽水蓄能电站（视觉中国）

上下水库库底天然高差约 590 米，筑坝形成水库后平均水头约 570 米，上下水库通过输水系统连接。输水系统布置有两条内径 7 米的钢筋混凝土衬砌的斜井式高压岔管，每条岔管各接三根钢衬支管引水进入水泵水轮机，输水道平均长度 1415.5 米。

输水系统和地下厂房洞室群全部布置在上下水库之间的山河港左岸山体中。主厂房里布置 6 台机组，每台机组容量 30 万千瓦，总装机容量为 180 万千瓦，年发电量 30.14 亿千瓦时。

20 世纪 80 年代中后期，随着改革开放和社会经济快速发展，我国电网规模不断扩大，华东、华北和广东等以火电为主的电网，缺少调峰手段，调峰矛盾日益突出，修建抽水蓄能电站以解决以火电为主的电网的调峰问题逐步形成共识。为此，国家有关部门组织开展了较大范围的抽水蓄能电站资源普查和规划选点，制定了抽水蓄能电站发展规划。20世纪90年代，我国抽水蓄能电站建设进入快速发展期，先后兴建了几座大型抽水蓄能电站，天荒坪就在其中。

1991年8月，国家计委批准了在浙江省安吉县兴建天荒坪抽水蓄能电站的项目建议书。同年11月，华东电力集团公司天荒坪抽水蓄能电站工程建设公司正式组建。天荒坪抽水蓄能电站前期准备工程于1992年6月开始。1994年3月1日，电站主体工程正式开始施工。1998年9月30日，首台机组投入试运行。2000年12月25日，最后一台机组投产，总工期为8年。

我国安装的大型可逆式机组的现代抽水蓄能电站综合效率一般为70%至75%，国际上抽水蓄能电站综合效率为75%至78%，天荒坪抽水蓄能电站通过充分利用自然条件并采用一系列先进的设计理念和技术，自1998年9月投产以来多年平均综合效率为80.3%，处于同类电站的世界先进水平。

天荒坪抽水蓄能电站是华东电网不可或缺的组成部分，它承担着华东电网调峰、调频、事故备用、黑启动等任务。对改善华东电网电源结构，提高供电质量，推动华东地区的经济发展，起到了十分重要的作用。电站自1998年9月投产以来多年平均综合效率为80.3%，处于同类电站世界先进水平。

天荒坪上水库为国内第一个大面积采用沥青混凝土防渗面板的工程，沥青混凝土防渗面板总面积达28.5万平方米，目前总渗漏量稳定在2升每秒左右，运行状况良好。

依托天荒坪抽水蓄能电站，水电建设者研究并系统地提出了沥青、聚酯网和沥青混凝土技术指标；在沥青混凝土面板防渗层施工工艺和方法上实现飞跃，为后期西龙池抽水蓄能电站、呼和浩特抽水蓄能电站建设提供了范例。天荒坪抽水蓄能电站之后，沥青混凝土防渗面板施工由借鉴国外技术发展到全面自主施工，并发展了改性沥青混凝土面板设计和施工技术，逐步实现了高品质沥青材料国产化。

天荒坪抽水蓄能电站是华东电网不可或缺的有机组成部分，它承担着华东电网调峰任务，同时具备调频、调相、事故备用和黑启动等功能。对改善华东电网电源结构，提高供电质量，避免大面积停电系统瓦解事故，推动华东地区的经济发展，起到十分重要的作用。

天荒坪抽水蓄能电站地处长江三角洲中心，靠近华东电网负荷中心，调峰能力极强。电站高峰发电能力为 180 万千瓦，低谷填谷能力为 198 万千瓦，峰谷最大调峰能力可达 378 万千瓦，目前华东最大峰谷差 8200 万千瓦，调峰能力占 4.39%。

天荒坪抽水蓄能电站的兴建，大幅度增加了地方财政税收，改善了当地交通、通信等基础设施，电站上下水库被打造成为环境优美的风景区，极大地推动当地旅游事业蓬勃发展，为当地带来了显著的社会、生态和经济效益。

站在天荒坪的最高点搁天岭，俯瞰整个上水库，群山环抱，翠竹簇拥，人工与自然完美结合。天荒坪抽水蓄能电站的建设从坝址选址开始就坚持在保护中开发、在开发中保护，实践结果证明水电开发不仅可以满足经济发展需求，也能在资源开发与生态环境保护中找到平衡，并且发挥出显著的生态和经济效益。

（摘编自《中国三峡》杂志 2019 年第 8 期，作者：吴冠宇）

松花江上筑大坝

田宗伟　杨贵民

筑坝松花江

白山水电站位于吉林省东南部山区桦甸市与靖宇县交界的松花江上游的白山镇，是一座以发电为主，兼有防洪等综合利用效益的大型水电站。

俯瞰白山水电站　摄影／孙文革

松花江的水力资源十分丰富，该地区多年平均降雨在350毫米至1000毫米。中华人民共和国成立初期，松花江上游只有丰满水电站一座大型水库，每当发生大洪水时，丰满水电站就要加大泄洪量，对下游两岸人民影响较大。当时的水利部会同吉林、黑龙江两省水利部门研究决定，在松花江上游另建水电站，以期充分利用松花江水力资源，在兴利前提下达到除害的目的。白山水电站因此应运而生。

白山大坝坝址位于松花江上游两江口（头道江、二道江汇合处）下游12公里处水域，该水域河段名叫老恶河。老恶河两岸群山峭立、谷深江窄，河道落差大，是一条水道险关。老恶河一带地方还有一名叫龙王庙，是因一清朝官员夜间乘船顺利通过该河段而在老恶河附近为龙王修庙一座而得名。1958年，白山水电站勘测设计总局在红石砬子至两江口长49公里的峡谷中，选取了长约2公里的白山大坝坝段进行实地查勘，最后选定现大坝坝址。

鸟瞰白山水电站大坝　摄影/孙文革

白山大坝坝址以上流域面积为 19000 平方公里,建坝前沿河滩哨相间,水流湍急,其中老恶河滩哨中低水位时,河宽仅 100 余米,最大流速可达 7 米每秒。流域位于长白山脉的西北坡,周围河流众多,其南为鸭绿江上游,东为图们江,北为牡丹江,西为辉发河,西南为浑江流域。流域为森林区,植被良好,水土流失甚微,含沙量很少,多年平均年输沙量为 111 万吨。

库区分布着大片的古老混合岩、片麻岩及中生代火山碎屑岩、砂页岩、花岗岩等,岩石坚硬,饱和抗压强度 25 兆帕,透水性极弱。两岸地下水出露较高,地下水分水岭亦在设计蓄水位以上。库岸由坚硬岩石构成,阶地不发育,覆盖层不厚,植被良好。坝址区河谷呈"V"形,谷底宽 80 米至120 米。

造福白山黑水

发电效益。白山水电站是在东北地区严重缺电的情况下投入运行的。从第一台机组投产发电至今,白山水电站累计发电量为 663 亿千瓦时,为推动东北地区经济和社会发展作出了重大贡献。

防洪效益。白山水电站位于松花江上游,下游有红石水电站和丰满水电站,以及吉林市、哈尔滨市等重要城镇。电站于 1982 年 11 月下闸蓄水后,白山水库与丰满水库联合调度,在防洪上起到了"拦蓄洪水、削减洪峰、滞洪错峰"的重要作用。

1995 年,松花江流域发生了特大洪水,白山和丰满两座水库联合调度,为下游丰满水库削减洪峰 71%,拦蓄洪水 14.5 亿立方米,白山大坝最高水位 418.35 米,超过历史最高水位。白山水库与丰满水库进行洪水联合调度,为下游吉林省减免淹没耕地 165 万亩、人口 150 万人,合计减免经济损失 176.8 亿元。同时使黑龙江松花江干流沿岸 774 万亩耕地、294 万人及哈尔滨等大中城市免遭灾害。

老电站里的高科技

电站设计先进。 白山水电站是一座技术先进、经济效益很高的水电站。大坝坝顶弧长 676.5 米，最大坝高 149.5 米，坝型为三心圆混凝土重力拱坝，坝体几何尺寸达到了当时国内外先进水平，是当时全国最高的重力拱坝。一期工程的地下厂房由主厂房、副厂房、开关站、尾闸室、引水洞等大小 37 个洞室组成，是当时世界少有、中国最大的地下水工建筑群。电站的设计获水电建设总局一级设计奖，地下厂房的设计获原国家计委、原国家建委设计金奖。

机组全部使用弹性塑料金属推力瓦。 白山水电站初期投产的 5 台机组全部使用传统的乌金推力瓦。从 1992 年到 1994 年 3 年间，白山发电厂购置了 5 套弹性塑料金属瓦安装到 5 台机组上，不仅提高了发电设备的可靠性，还提高了机组的发电能力。改造后，白山水电站机组提高出力 10%，每台机组由 30 万千瓦增容到 33 万千瓦，5 台机组共增容 15 万千瓦，相当于新建一座中型水电站。

开辟了灭磁新途径。 1986 年，白山水电站与中国科学院合肥等离子体物理研究所合作，在白山 2 号机组上采用了"人工过零"非线性电阻灭磁装置，获得成功，并推广应用到 1 号、3 号机组上，解决了大型发电机组励磁系统中存在的灭磁开关容量不够、转子绝缘水平不够和转子过电压保护不完备问题，开辟了灭磁新途径，这项技术具有国际水平。

水轮机改造。 2019 年 6 月，电厂完成了对 5 台 30 万千瓦机组水轮机的改造。改造后机组摆度、振动和漏水量等数据降低 40% 至 60%，优于国家标准规定要求，机组的安全性、稳定性和运行效率得到大幅度提高。

先进的水情自动测报系统。 1986 年，初步建成了白山流域水情自动测报系统。针对该系统运行后暴露出的同频干扰、超站干扰引起数据振荡等问题，于 1990 年、1994 年和 1998 年先后对白山流域的测报站网进行技术改造，提高了该测报系统整体性能，使雨量测报更加准确，实现了水库调度自动化，为合理调度水库和做好防洪度汛工作提供了可靠依据。

国内领先国际先进的计算机监控系统。白山计算机监控系统由桦甸调度中心、白山站、红石站 3 个子系统通过计算机网络连接组成，该系统建设历时 3 年，工程规模大，技术要求高，开发内容多，实用性强。1999 年 3 月末，该系统通过国家电力公司的阶段性验收和技术鉴定，与会专家评价该系统在国内水电站首次采用了具有国际先进水平的快速以太网技术，首次在电力监控系统应用上实现 110 公里 100 兆速率光纤传输，通信采用随机传送和周期传送相结合的办法，提高了系统的实时响应性和系统数据的可靠性，可对被控机组实现远方监控，在大型梯级水电厂远方集中监控总体技术方面居国内领先水平、国际先进水平。

（摘编自《中国三峡》杂志 2019 年第 12 期，作者：田宗伟、杨贵民）

五强溪：开发沅江，守望洞庭

王芳丽

　　五强溪水电站位于湖南省沅陵县境内，是我国20世纪80年代末至90年代初修建的百万千瓦级水电站，被誉为当时水电行业"五朵金花"之一。五强溪水电站以发电为主，兼有防洪、航运等综合效益，建设过程中成功解决了一系列重大技术和管理难题，为探索具有中国特色水电建设新路、高速优质低耗建设大型水电站提供了宝贵经验。

五强溪大坝（视觉中国）

两落三起，千呼万唤始出来

五强溪水电站位于湖南省沅陵县境内，是湖南省最大的水电站，也是沅江干流上最早建设、规模最大的水电站。五强溪工程经历了"两落三起"的坎坷历程，1952 年开始水文地质勘测，1958 年、1980 年两次动工之后，又因经济困难停工缓建。20 世纪 80 年代，早期开发的凤滩、东江等水电站已经不能满足湖南省的社会经济发展，湖南每年因电力缺乏而减少的工业产值高达 40 亿元。在沅江干流上再开发建设一座大型水电工程，已经成为湖南儿女共同的期盼。在这样的社会经济背景下，1986 年 4 月，五强溪工程正式复工，并相继列入国家"七五""八五"重点建设项目。1994 年12 月，五强溪水电站首台机组投产发电；1996 年 12 月，五台机组全部投产发电，总装机容量 1200 兆瓦，年设计发电量 53.7 亿千瓦时。自此，湖南省告别电力紧缺时代，社会经济飞速发展。

如今的五强溪水电站，正在实施沅江干流梯级滚动开发的"收官之作"——五强溪水电站扩机工程，增加两台单机容量 25 万千瓦的发电机组，2023 年 12 月投产发电。扩机后，五强溪水电站装机总量达 170 万千瓦，年设计发电量增加到 59.3 亿千瓦时，水量利用率进一步提高。

五强溪水电站自投产以来，已累计提供绿色电力超 1200 亿千瓦时，不仅扭转了湖南省电力紧缺的局面，还为社会减少了二氧化碳等污染物的排放，环保效益十分明显。

防洪抗灾，保卫沅江、洞庭湖

除发电外，五强溪水电站还具有防洪效益，拥有防洪库容 13.6 亿立方米，可将沅江流域防洪标准由 5 年一遇提高到 20 年一遇。五强溪水电站建成后，先后战胜了 1995 年、1996 年、1998 年、1999 年四次特大洪水，保卫了沅江下游及洞庭湖地区人民的生命财产安全。

特别是 1996 年 7 月，沅江流域发生特大洪水，为避免沅江中下游全面溃堤危险，减轻洞庭湖地区的分洪压力，五强溪水库水位曾逼高至 113.26 米，超正常蓄水位 5.25 米，相当于 5000 年一遇的洪水水位。据湖南省防汛指挥部统计，五强溪水库为洞庭湖蓄洪，直接减少经济损失上百亿元。

1998 年长江流域发生特大洪水，五强溪水库共 9 次为中下游承担错峰蓄洪任务，拦蓄洪水近 46 亿立方米，使洞庭湖水位下降 0.7 米，有效地缓解了长江中下游地区防洪紧张的局面。可见，五强溪作为沅江干流上最大的水利水电工程，不仅使沅江流域得以安澜，也为洞庭湖和长江中下游分担了部分防洪压力。

高峡平湖，黄金水道名副其实

沅江航运历史悠久，是古代著名的黄金水道。沅江流域滩多水急，曾无情地吞噬了无数船只，葬送了许多生命。有民谣曰"三洞九脑十八滩，沅江处处鬼门关"。

在五强溪水电站附近，我们就见到了久负盛名的青浪滩，并听船长讲述了许多相关的骇人传说。以前的青浪滩河床落差大，乱石如林，航道极其狭窄。急流拍在礁石上，激起数米高的浪花，漩涡遍布，在这里冲散的木排和沉没的船只不计其数。五强溪工程修建以前，青浪滩附近还有座水神庙，香火极盛，过往的船夫都要到此许愿、还愿。

如今，险滩和庙宇都淹没在水下，干流回水长达 150 公里，船行沅江，只觉得两岸风景如画，水面宽阔平静，大小船只往来不绝，重达 500 吨级的货船可畅行无阻。航运条件的改善直接带动了两岸经济的快速发展，现在的沅江，真是名副其实的黄金水道。

生态库区，千年古茶重现生机

五强溪库区经济以传统农业和农副产业为支撑。我们在沅江两岸的山上，看到了大片的橘树和茶树，还有蔬菜种植基地。生态渔业也是部分库区人民的收入来源，五强溪鱼虾远销北京、上海、浙江等地。

沿岸最引人注意的是茶叶种植基地。在碣滩茶场，我们弃船登岸，沿着石阶向上攀爬，山中藏着许多木头房子，十分古朴，虽不是吊脚楼，但也有着飞檐长廊，刷了桐油的木材被岁月浸染得漆黑，却别具韵味。

从山腰往下看，梯田顺着山势盘桓而上，沅江安静地卧在山脚，每一眼都是画中美景。山腰处还有一个亭子，名曰仙鹤亭，亭中有碑文讲述了茶师刘先和积极恢复千年名茶"碣滩茶"的故事，仙鹤谐音"先和"，想必仙鹤亭由此得名。

碣滩茶是唐代贡茶，在沅陵县，像这样的茶厂共有 70 多家，包括省级龙头企业两家，有机茶园面积 15 万亩，茶叶年产量近 3 万吨。

风景依旧，移民面貌焕然一新

五强溪工程建设前，库区所处位置相对比较偏僻，且经济水平落后。工程移民 10 万多人，搬迁沅陵、泸溪和辰溪 3 个县城，移民工程浩大。

我们走在重建后沅陵县青浪滩乡的集市上，看到沿街摆放着从远处运来的小龙虾、荔枝等时令食材、水果，前来挑选的人络绎不绝，大城市里能买到的东西，这里几乎都有售卖，可谓麻雀虽小，五脏俱全。开船的师傅说，等到赶集的日子，这里更热闹，卖什么的都有。

沿着五强溪水电站上溯，两岸风景宜人，龙舟飞渡，经济却并不落后。电站的修建为库区人民打通了陆路和水路交通，促进了农业产业化的进程，同时这些产业又吸纳了大量当地百姓就业，解决了许多移民的生计问题。

　　由此可见，五强溪水电站不仅是一座水电工程，同时也是民生工程和绿色工程。它为湖南人民带来源源不断的清洁能源的同时，也打开了库区与外部世界连接的大门。20 多年来，这里风景依旧，库区人民的精神面貌却焕然一新，收入水平显著提高。

（摘编自《中国三峡》杂志 2019 年第 7 期，作者：王芳丽）

漫湾：大江流日月

吴冠宇　田宗伟　━━━━━

漫湾：万里澜沧第一坝

漫湾水电站位于我国云南省西部云县和景东县交界处的漫湾河口下游1公里的澜沧江中游河段上，距临沧140公里。电站于1986年开建，1995年一期建成，工程装机容量125万千瓦；二期装机容量为30万千瓦，2004年开工，2007年5月建成投入使用；2008年并购田坝电站1台12万千瓦机组，总装机容量提升至167万千瓦，呈"一厂三站"式分布。

漫湾水电站是云南省第一座百万千瓦级大型水电站，它成功探索了中央和地方合资建设的大型水电工程的模式，为之后的大型水电开发积累了经验；它的建成为云南省贡献了巨大的清洁电能，为云南省经济腾飞提供了电力保障，还为库区环境保护、当地经济发展与民生改善作出了极大贡献。

部省合办大型水电工程的开创者

漫湾水电站始建于1986年。漫湾水电站建设之前，国家所有重大项目建设仍是由国家安排投资，由国家指定施工单位进行建设，电站先上哪个后上哪个，由水电部统一安排。

面对一边是严重缺电的现实，一边是身边白白流淌的巨大水能资源，

漫湾水电站　摄影/韩贺

云南省委、省政府为了保证漫湾水电站尽快开工建设，大胆提出了部省合资办电的倡议，取得了国家有关部委的积极支持，打破了完全依靠国家投资办电的旧模式，开创了多方集资，共同办电的先例。

1984年5月，六届全国人大二次会议在北京召开，云南省代表全体签名的《请将漫湾水电站列入"七五"国家建设案》提交给全国人大提案委员会。提案转到水电部，7月，水电部向国家计委呈报了《关于漫湾水电站列入"七五"国家建设计划的报告》。

9月，水电部与云南省政府共同对漫湾水电站初步设计进行审查。其他须由云南省单独做的诸如资金筹措、移民搬迁、对外交通建设、建材物资准备、电站设计方案细化等也在一步步扎实推进。

1985年4月，国家计委批准了关于漫湾水电站1985年进行施工前"三通一平"等准备工作的请示。在云南人民和水电部的共同努力下，漫湾水电站赶上了"七五"末班车。

1985 年 3 月，云南省电力局作为漫湾水电站业主与水电部、云南省政府签订《漫湾水电站投资包干协议》，即包生产能力、包工期、包质量、包造价和包主材料消耗。

1986 年 5 月，电站导流洞开工"第一爆"响起，我国第一座由中央和地方合资建设的大型水电工程开工建设。

在几十年已经习惯于基础设施建设由中央包干的环境里，一个经济欠发达的省份在全国第一个拿出这么大一笔钱和紧俏物资来打破传统的投资模式，那是需要极大的勇气、智慧和远见卓识的。质朴的云南人敢为天下先，实现了计划经济基本建设体制的新突破。漫湾水电站由此成为中国第一座部省合资建设的水电站，被后人称之为"漫湾模式"，漫湾大坝也被施工人员亲切地称之为"万里澜沧第一坝"。

漫湾水电站借鉴了鲁布革水电站建设的经验，实行业主制、招标投标制，打破了过去国家重点建设中的"铁饭碗""大锅饭"，为后续的水电建设积累了经验。

云南省经济腾飞的电力保障

漫湾水电站建设前，云南省的经济发展受到电力短缺制约，正处于瓶颈时期。漫湾水电站一期工程投产发电后，总装机容量占云南省电力系统的 33.23%，使云南省的电力供应增加了 30%，其中水电供应增加了 50%。根据季节的不同，漫湾水电站在云南省电网中主要承担系统中的基荷、调频、调峰和事故备用等多项任务。尤其是在 6 月至 10 月的丰水期，水电厂进入大发、大方式运行阶段，漫湾水电站高峰时所带负荷占云南省系统总负荷的 40%，低谷时段超过 50%，日发电量占系统的 40% 以上，年发电量约占系统总发电量的三分之一，大大缓解了云南省电网严重缺电的局面，有力地促进了云南省的经济建设和国民经济的发展。

漫湾水电站的投产发电，以及云南省第一条 500 千伏（漫湾—昆明）输电线路的送电成功，使得云南省电网从此跨入了大电网、大机组、大容量、超高压的新时代，使"云电东送""云电外送"的目标得以实现，源源不断地将优质的清洁电能送往广东、广西等省区，形成了资源省与产品省的结合、东西部优势互补的新格局。

一方绿水青山的建设者

漫湾水电站所在的澜沧江是一条国际河流，它的环境保护问题直接涉及下游多个国家。漫湾电厂作为电站运营者和水库管理单位，在电站建设及其后多年运行期间，本着负责任的态度，高度重视库区环境保护。

自 1996 年以来，漫湾电厂投入大量资金，重点用于库区、厂区的绿化和环境治理，库区内共植树造林 3 万多亩，种植经济林果 90 余万株，累计向当地政府无偿提供高经济价值生态树种——钝叶黄檀 100 多万株；厂区绿化面积达 83 万平方米，占可绿化面积的 96%；并对施工区域进行整治，全面清理外围地域废弃混凝土堆积物、平整场地、布设水沟、覆土绿化，实现生产与环境协调发展。

此外，漫湾水电站还建立了水库环境监测体系，加强对库区水质和水库生态环境的监测和管理，库区生态环境进一步得到改善；对库区沿岸生产生活及自然枯死树枝等产生的库区漂浮物，长年开展清理、外运及填埋处置工作。经过多年的努力，库区两岸青山相映，绿水长流。库区优美的自然风光和富饶的自然资源，也给库周城镇的旅游和经济发展注入了新的活力。

千万民生幸福的守护者

漫湾水电站的建成不仅给云南省提供了强大的电力保障，还推动了库周城镇经济发展，给电站移民及周边村民生活带来了巨大的改变。

漫湾电厂为实现水电开发与地方经济的和谐发展，在教育、文化、医疗卫生、人畜饮水及发展条件等多个方面对当地进行帮扶。围绕"构建企业小和谐，促进社会大和谐"的思路，漫湾电厂主动承担社会责任，积极践行华能集团"百千万工程"云南省行动计划，着力解决库区群众饮水难、上学难、就医难、行路难等实际问题。截至 2018 年，漫湾电厂累计投资 1500 余万元，共援建了 8 所希望小学、14 个"人畜饮水工程"、14 个华能博爱卫生室、7 个农村文化室，投资了 21 个村的村容村貌整治项目，解决了近 3000 名小学生就近入学问题，以及 24 个自然村 6000 人饮水困难，实际受益群众 2 万余人。此外，还开展了道路硬化工程、修缮工程、产业扶持、敬老院建设、民俗文化建设等项目。漫湾电厂"挂包办""转走访"联系点云县于 2018 年脱贫摘帽，挂包点大田山村也于同年脱贫出列。

（摘编自《中国三峡》杂志 2019 年第 6 期，作者：吴冠宇、田宗伟）

隔河岩：清江上的水电之花

吴冠宇

20 世纪 80 年代末至 90 年代初，是我国水电建设加速发展的时期，一大批水电工程在这一时期开工建设，其中有五个百万千瓦级的大型水电站工程，被人们誉为水电行业的"五朵金花"，隔河岩水电站就是其中的一朵金花。

隔河岩水电站位于湖北省长阳县境内的清江干流上，是国家"八五"计划能源建设重点项目，是清江干流三个梯级水利枢纽工程之一，是华中电网调峰调频的骨干电站。电站装有 4 台 30 万千瓦机组，装机容量 120 万千瓦，多年平均发电量 30.4 亿千瓦时。

隔河岩水电站由重力拱坝、引水式厂房和通航建筑物组成。工程于 1987 年 1 月开工，1993 年 6 月第一台机组发电，1994 年 4 台机组全部投产发电。在当时国家进行水电体制改革的背景下，隔河岩水电站攻坚克难，敢为人先，不仅高质量高效率地完成了工程建设，而且还探索出了一条崭新的水电开发运营之路。

漫长的征程，从论证规划到开工

1957 年，长江流域规划办公室（后改称长江水利委员会，以下简称"长江委"）对湖北省清江流域进行了勘测，于 1964 年提出梯级开发规划报告，1969 年完成清江隔河岩水利枢纽工程初步设计稿。1969 年 9

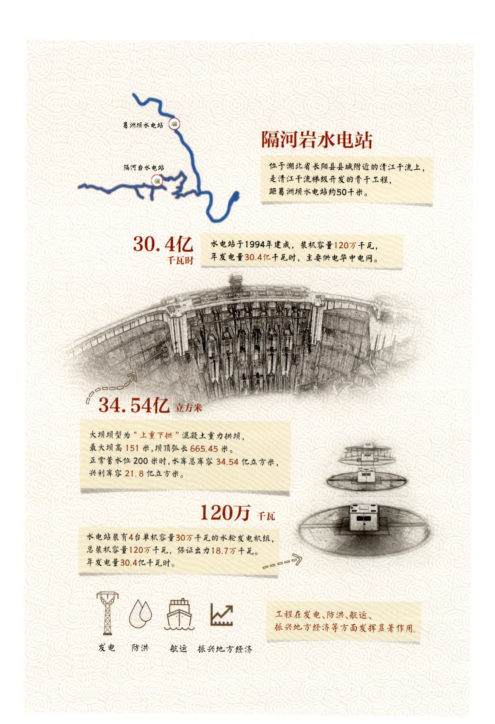

隔河岩水电站

位于湖北省长阳县县城附近的清江干流上，是清江干流梯级开发的骨干工程，距葛洲坝水电站约50千米。

30.4亿 千瓦时

水电站于1994年建成，装机容量120万千瓦，年发电量30.4亿千瓦时，主要供电华中电网。

34.54亿 立方米

大坝坝型为"上重下拱"混凝土重力拱坝，最大坝高151米，坝顶弧长665.45米。正常蓄水位200米时，水库总库容34.54亿立方米，兴利库容21.8亿立方米。

120万 千瓦

水电站装有4台单机容量30万千瓦的水轮发电机组，总装机容量120万千瓦，保证出力18.7万千瓦。年发电量30.4亿千瓦时。

发电　防洪　航运　振兴地方经济

工程在发电、防洪、航运、振兴地方经济等方面发挥显著作用。

月，水利电力部、湖北省在长阳县联合召开隔河岩水电站初步设计审查会，提出了蓄水位160米、装机容量30万千瓦、投资3.8亿元的设计方案。同年12月，国家批准兴建隔河岩水电站，列入1970年计划开工项目，1974年发电。

1970年，为了保证葛洲坝工程顺利开工建设，隔河岩水电站暂时停建。此后十多年间，长江委对隔河岩的勘测、设计工作没有间断，国家在研究中长期的水电开发规划中，隔河岩水电站也一直是议题之一，只是一直没能正式实施。这种情形一直持续到1986年。

1986年，是"六五"计划的结束，"七五"计划的开启之年。回顾"六五"计划期内，湖北省国民经济持呈现出持续稳定增长的趋势，工农业总产值与1980年相比，实现了第一个翻番。然而想要保持这种趋势，并实现第二个翻番，需要强大的后劲支撑，尤其是电力供应。隔河岩终于迎来了属于它的机会。

1986年5月，国务院领导到湖北视察，湖北省领导在汇报中提出隔河岩水电站上马的问题，国务院领导及随同前来的国家有关部委负责人当即表示原则同意。5月11日，代省长郭振乾主持召开省长办公会，会议认为：兴建隔河岩水利枢纽工程有多项效益，及时兴建这一工程对于缓和湖北省电力紧张状况，开发鄂西山区，减轻荆江河段的洪水威胁和清江下游的洪水灾害，都将发挥重大作用。会议决定：成立湖北省清江隔河岩水电站工程指挥部。

1987年1月13日，湖北省政府印发《关于成立湖北省清江开发公司的通知》，明确"清江开发公司为开发清江水电资源各个梯级工程的建设单位，近期负责清江隔河岩水电站的建设，工程完工后，负责电站的领导和经营管理"。

至此，从1957年到1987年，历时30年，隔河岩水电站终于正式开工。

隔河岩库区航拍 摄影 / 吕新宇

筹资建坝，在艰难中起步

筹建之初的湖北省清江开发公司（以下简称"清江公司"）白手起家。1986年省政府下达成立"湖北省清江开发公司筹建处"的通知后，从葛洲坝工程局借调15名干部，还从工程局第一招待所（后更名葛洲坝宾馆）借来了两栋平房，一台黑色伏尔加小车；第一次会议（工程评估会）费用8.2万元，是湖北省水利厅垫支的；借调、抽调人员的工资是原单位发的；临时办公费是从葛洲坝工程局借的……

时代风起，金花绽放

8年的建设中，隔河岩水电站栉风沐雨，砥砺前行，战胜了无数艰难坎坷，取得了诸多瞩目的成绩。

1987 年，隔河岩水利枢纽工程正式开工，当年 12 月就实现截流；1988 年 4 月，隔河岩度汛工程关键项目上游碾压混凝土围堰建成，12 月开始主体工程混凝土浇筑；1993 年 4 月，正式下闸蓄水，6 月首台机组发电；1994 年 11 月，全部机组投产发电。至此，除升船机外，120 万千瓦的清江隔河岩水利枢纽全部建成。

国家下达的隔河岩水电站合理工期为：1993 年 12 月第一台机组发电，1994 年、1995 年各有一台机组投产，1996 年 6 月最后 1 台机组投产。而隔河岩水电站做到每台机组都实现提前投产发电，其中，首台机组发电工期为 5 年半，比计划提前 6 个月；4 台机组全部投产只用 7 年，比计划提前 7 个月，4 台机组提前投产共计 52 个月。

在工程设计方面，针对坝址地形和地质条件，采用了"上重下拱"的特殊坝型，即大坝两岸为重力坝段，河床为重力拱坝。高程 150 米以下采用重力拱坝，左岸高程 132 米至 150 米设置重力墩以弥补地形及地质条件的不足，高程 150 米以上为重力坝，这就形成了下部为重力拱坝、上部为重力坝的组合坝型。这种特殊坝型的重力拱坝在我国是首次采用，是我国大坝坝型设计的一项创新，获得了我国第八届优秀工程设计金奖。

在泄洪消能方面，由于隔河岩水电站具有泄洪量大、水头高、单宽泄流功率大、消能区抗冲能力较低的特点，工程采用了宽尾墩、表孔、底孔双层射流入池的新型消能方式，解决了拱坝泄洪时向心集中水流消能防冲的难题。

1998 年，隔河岩水电站被国家电力公司认定为"一流水力发电厂"，属全国首个；2000 年 11 月，隔河岩水电站荣获国家建筑工程最高奖——鲁班奖。

（摘编自《中国三峡》杂志 2019 年第 4 期，作者：吴冠宇）

"看见中国·坝光盛影"——中国大坝主题摄影艺术展受到媒体关注

2023 年 4 月 27 日至 28 日，由中国大坝工程学会、三峡集团联合主办的"看见中国·坝光盛影"——中国大坝主题摄影艺术展在贵州省贵阳市举行

2024 年 9 月 25 日，中国大坝工程学会水库大坝公众认知论坛在湖北宜昌举行

2024 年 9 月 24 日至 25 日，中国大坝工程学会 2024 学术年会在湖北宜昌召开

第四章
公众传播：
助力水利水电
行业健康发展

通过媒体报道，增加水库大坝认知的社会公众参与度，促进行业健康发展和社会公众认知的科学性和公益性。

导　读

　　新闻媒体作为现代信息传播的核心载体，它不仅承载着传递信息的功能，更在塑造公众认知、引导社会舆论方面扮演着至关重要的角色，发挥着重要作用。中国大坝工程学会水库大坝公众认知专委会邀请多家知名媒体记者、传播专家担任委员，举办的"水库大坝公众认知论坛"备受媒体关注，新华社、《光明日报》《中国青年报》《中国能源报》《中国水利报》等媒体记者到现场采访报道。

推动水库大坝的发展与创新
专家热议水库大坝与公共认知

潘红艳　严　艺　韩承臻 ▬▬▬▬▬

　　水库大坝是为公众服务，为公众福祉而来，技术工作无论如何成功，如果不能得到普遍认知和认同，也是一个巨大的缺憾，并在一定程度上制约其良好有序的发展。

　　2016 年 10 月 20 日至 21 日在陕西西安召开的中国大坝工程学会 2016 学术年会暨国际水库大坝研讨会上，如何帮助公众认识水库大坝的服务功能和本质，如何有效地与公众沟通，成为与会代表关注的焦点之一。三峡集团承办的"水库大坝与公共认知论坛"，邀请到长江三峡、黄河小浪底、新安江、密云等工程代表，以及张博庭、周小平等知名专家和评论人围绕论坛主题与参会代表和媒体代表交流。

　　所见所闻并不一定属实，在信息爆炸、知识管理和学习看起来越来越容易的时代，但昂贵的交易成本反而制造了大量的认知障碍。第十二届全国青联委员、文艺界副秘书长，共青团中央新媒体协会常务理事周小平指出，和中国高铁、中国航天一样，三峡工程从诞生之初就一直饱受西方舆论指挥棒的攻击。只要经过几十年的努力和时间证明了对中国人有好处的东西，西方的舆论谴责就必然会汹涌而至。"是什么原因导致了我们的媒体从业者丧失了基本的思考能力？值得我们认真思索。"

中国水力发电工程学会副秘书长张博庭指出，现代社会里调蓄水资源的水库大坝具有不可替代的生态保护作用。虽然建设水库所形成的人工湿地，确实可能会对某些生态环境（例如鱼类洄游）产生某种不利的影响，但是，相对洪涝灾害和特大干旱来说，水库的生态环境保障作用，绝对是更大、更重要。这也就是为什么，我们走遍全世界始终都能看到"水资源开发程度越高的国家和地区的生态环境越好"的根本原因。

水利是协调人与环境矛盾的伟大事业，除害兴利是水利永恒的主题。浙江省水利厅治水办主任、副总工程师朱法君也指出，随着混凝土的发明和筑坝工程技术不断进步，使得人类开发利用水资源的能力不断提升。人们受益于水库大坝的巨大贡献，获得了更加安全的防洪保障，分享了洁净的水库供水，保障了农业、工业的生产用水，也依托水库的绿水青山，发展了旅游业。

来自长江三峡、黄河小浪底的代表分别介绍了这些著名水利枢纽发挥的巨大作用。三峡集团三峡枢纽管理局枢纽运行部副主任王海，水利部小浪底水利枢纽管理中心党委委员、黄河水利水电开发总公司副总经理曹应超，北京市水利规划设计研究院规划所副所长王萍分别用事例介绍了长江三峡、黄河小浪底水利枢纽工程发挥的巨大综合效益，以及密云水库在首都城市供水等方面不可替代的作用。

经过热烈讨论，与会代表认为，公共认知问题的呈现是社会进步和发展的一个侧面。应当说，公共认知问题的呈现，对水库大坝的发展与创新起到积极的推动作用。帮助水库大坝的规划者、建设者、运营者更全面、更系统地思考建设、开发、长期运营当中的外部性问题，使得水库大坝能够在全寿命期更好地服务于公众、为公共利益持续贡献巨大的综合价值。

（《中国三峡工程报》2016 年 11 月 5 日，作者：潘红艳、严艺、韩承臻）

流域规划带来多赢效益
——"水利水电工程生态流量与河流修复技术论坛"侧记

韩承臻　程雪源　潘红艳　陈　敏　朱　丹　严　艺

2016 年 10 月 20 日至 21 日，"中国大坝工程学会 2016 学术年会暨国际水库大坝研讨会"在陕西西安召开。其间，三峡集团与大自然保护协会（TNC）共同承办了"水利水电工程生态流量与河流修复技术论坛"，与会代表围绕三峡水库生态调度、河流生态修复、水电开发环境保护等问题进行了交流和研讨。

流域规划如何带来多赢效益

河流是个复杂的系统，人类在开发利用河流时要权衡利弊，实现关键因素之间的平衡。论坛上，大自然保护协会全球淡水科学主任杰夫·奥珀曼（Jeff Opperman）带来了通过对水电及其他河流资源的系统规划获得多重效益的理念。

杰夫·奥珀曼指出水利设施规划时，选择利益相关方最关注的指标，用算法选择潜在的情景（选址、设计和运行模式的组合）并计算这些情景在指标上的表现，最终得出一个平衡所有需求并得到利益相关者支持的平衡方案。

他举例说，20 世纪 80 年代挪威在开发水电的时候遇到很大的阻力，由于社区和鱼类等原因，很多开发项目被延迟或取消。挪威做了全国流域分析，综合分析了十几个指标，包含鱼类保护、游憩等多重效益。综合性流域规划引入了所有利益相关者的需求，减少了冲突。开发企业心里更有底，知道自己的开发活动可能遇到的麻烦会比较少，环境机构和政府也更有全盘把握。这是综合性流域规划带来多赢效益的案例。

据介绍，在过去 20 年中，用于确定保护生态系统健康所需的河流流量条件的科学知识和工具得以迅速发展，并在全球几百条河流流量修复项目中得以应用和改进。大自然保护协会已经和合作伙伴在美国开展了旨在恢复河流流量过程的可持续水资源项目，也和中国的合作伙伴在长江上开展了类似的探索。大自然保护协会全球淡水高级顾问郭乔羽介绍了他们在美国设计生态流的实践。

三峡集团与大自然保护协会的交流合作始于 2005 年，双方于 2008 年签署 2008—2013 年合作备忘录，并于 2013 年在美国共同续签 2013—2018 年合作备忘录。在合作中，双方不断加深相互理解，本着"合作非对抗"的工作方式，尊重对方机构的远景目标及行为准则，共同以降低水利水电工程对河流生态系统影响、实现生态可持续水电为目标，开展了各种形式的互动。

三峡工程的生态调度

作为世界最大的水利枢纽工程，三峡工程给河流生态带来的影响也是与会代表十分关心的问题。三峡集团三峡枢纽建设运行管理局枢纽运行部副主任王海结合实例介绍了三峡水库生态调度。

2011 年，长江中下游部分地区遭遇大面积干旱。为有效应对中下游持续特大旱情，三峡水库启动了抗旱应急调度，从 5 月 7 日 10 时（库水位

155.35 米）开始加大下泄流量，至 6 月 10 日 24 时（库水位 145.82 米）结束，日均向下游增加出库流量 1500 立方米每秒，累计向下游补水 54.7 亿立方米，有效改善了中下游生产、生活、生态和通航用水条件，为缓解中下游特大旱情发挥了重要作用。

2014 年 2 月，上海市长江口水源地遭遇历史上持续时间最长的咸潮入侵（超过 22 天，此前最长 2004 年 2 月持续 9 天 19 小时），长江口青草沙、陈行等水源地的正常运行和群众生产生活用水受到较大影响。2014 年 2 月 21 日—3 月 3 日，为保障上海市供水安全，三峡水库加大向长江中下游补水力度，日均出库流量由 6000 立方米每秒增加到 7000 立方米每秒。此次调度持续 11 天，累计向下游补水 17.3 亿立方米，对改善上海市长江口咸潮入侵形势起到了积极作用。

为促进"四大家鱼"自然繁殖，2011—2015 年，三峡水库共开展 7 次生态调度试验。在水温条件达到适宜产卵温度的 5—6 月，通过 3~7 天增加下泄流量的方式，人工创造了适合"四大家鱼"繁殖所需的洪水过程，取得了一定的生态效益，同时也为生态调度积累了经验。监测成果表明，三峡水库生态调度对"四大家鱼"自然繁殖有积极的促进作用。

论坛上，国家水电可持续发展研究中心、中国水利水电科学研究院水电可持续发展研究中心副主任王东胜也介绍了中国水电站水生态保护措施现状、问题与对策。他指出，生态环保成为水电开发不可或缺的决策要素。生态流量、水质、生物的相互影响等生态影响预测评价技术取得了进展。EcoFish 研究有限公司高级环境专家禹雪中介绍了水利水电工程生态流评估及实施的技术框架；三峡集团公司科技与环境保护部陈敏分享了河流修复规划案例；大自然保护协会全球战略规划副主任本·罗斯（Ben Roth）介绍了美国河流修复案例及发证制度。

（《中国三峡工程报》2016 年 11 月 5 日，作者：韩承臻、程雪源、潘红艳、陈敏、朱丹、严艺）

中国大坝工程学会 2017 学术年会暨 大坝安全国际研讨会在长沙召开

苏　南

2017 年 11 月 9 日至 10 日，中国大坝工程学会 2017 学术年会暨大坝安全国际研讨会在湖南长沙隆重召开。来自 20 多个国家和地区的 700 余名专家、学者云集楚汉名城，围绕我国水库大坝建设和水利水电发展的新形势，结合行业普遍关注的大坝安全、绿色发展、智能发展等热点问题进行研讨。

2017 年 11 月 9 日的大会开幕式由水利部原副部长、中国大坝工程学会理事长矫勇同志主持并致欢迎辞。湖南省人民政府副省长隋忠诚、水利部副部长周学文、国家能源局安监司副司长李泽、国际大坝委员会副主席迈克尔·罗杰斯分别为大会致辞。

本次会议揭晓了中国大坝工程学会科学技术奖（科技进步奖、技术发明奖），第七届汪闻韶院士青年优秀论文奖和会议优秀论文评选结果。依照评选奖励办法，经过了资格审核、专家会评、公示等程序，评出科技进步奖特等奖 2 项，技术发明奖一等奖 1 项、二等奖 6 项、三等奖 8 项。主席台嘉宾为首届中国大坝工程学会科学技术奖获奖代表、青年优秀论文奖作者及优秀论文作者颁发了奖状和奖牌。

此次中国大坝工程学会 2017 学术年会暨大坝安全国际研讨会由中国大坝工程学会主办，由中国电建集团、湖南省水利厅等单位承办，同时得到三峡集团、中国华能集团等单位协办支持。会议共收到中外论文 130 余篇，共邀请 110 多位国内外专家围绕工程经验和最新科研成果做会议发言。

大会期间还设有 6 场专题研讨会，其中 3 场为特别分会。"大坝安全国际研讨会"邀请到了美国、奥地利、巴西、西班牙知名专家及国内水电企业高层参与交流，共享水库大坝建设和水电开发中的安全经验、学习国外有关先进做法、探讨遇到的问题并提出有效解决方案和有益政策建议；第十届"非洲水库大坝与水电可持续发展圆桌会议"邀请到了巴西、科特迪瓦、摩洛哥、阿尔及利亚、尼日利亚、苏丹、赞比亚等国家的水利水电管理部门、研究部门及项目业主代表，与国内水电开发、设计、施工单位专家座谈，旨在进一步加强"一带一路"倡议下中非双方在水库大坝建设和水电开发领域的合作与交流；"水库大坝与公共认知论坛"邀请到了国际大坝委员会副主席迈克尔·罗杰斯围绕奥罗维尔大坝溢洪道事故和国内专家围绕水库大坝的作用发挥与媒体代表交流，促进公众对水库大坝的认识了解。

中国大坝工程学会学术年会自 2011 年以来，已经连续举办了 6 届。学术年会的召开为我国水利水电行业相关单位搭建了技术交流与合作的广泛平台，取得了良好成效。本次年会的主要议题包括：大坝安全关键技术及流域安全风险管理、气候变化与大坝安全、数字化智能化水库大坝建设和运行管理技术进展、水库大坝与公共认知、"一带一路"倡议中的水资源开发利用与保护、水利水电工程建设管理新技术等。

（摘编自《中国能源报》2017 年 11 月 10 日，作者：苏南）

中国大坝工程学会成立水库大坝公众认知专委会

综　合

2017年11月9日至10日，中国大坝工程学会2017学术年会暨大坝安全国际研讨会在湖南长沙隆重召开。会议期间，举行了水库大坝公众认知专委会第一次会议及“水库大坝公众认知论坛”。至此，水库大坝公众认知专委会正式成立。

会议通过了主任委员、副主任委员、秘书长、副秘书长人选，审阅通过了委员会工作规则。据了解，专委会委员来自公关部门、水利水电行业、科研教育机构、公共传播领域等多个专业领域，各位委员及其所在的机构都在相关领域具有重要的影响力。

据介绍，专委会将开展评选新闻奖、举办论坛、集中采访、开展培训、开展国际对标、制定行业指导意见等工作，以提高公众认知水平，促进水利水电行业更好地服务社会、服务长期可持续发展。

“片面的认知，不仅导致公众对于大坝功能认识不全，也对大坝可能带来的风险认识不到位。”国际大坝委员会副主席迈克尔·罗杰斯表示。

对于面临着误解甚至歪曲的水利水电行业，由中国大坝工程学会成立水库大坝公众认知专委会正是引导公众正确认知水库大坝而采取的对症之策。

中国水利水电出版社社长汤鑫华告诉记者，水库大坝建设已经有悠久的历史，公众对水库大坝的质疑也有很长的历史。虽然公众对水库大坝有误解，但是公众不是天生就反对水库大坝，公众的质疑甚至误解主要还是因为他们对水库大坝不了解。让公众知道水库大坝建设是在造福人类社会，进而让他们支持、接受，把误解消除，使公众和业界团结起来，最大限度发挥好水库大坝对人类社会的积极作用，已显得尤为紧要。

对于已经"走出去"的中国水电产业来说，同样可能遇到水库大坝公众认知问题，对此迈克尔·罗杰斯建议："做好安全科普，对大坝综合效益进行充分宣传，有利于中国水利水电企业在国外发展。"

本次"水库大坝公众认知论坛"邀请了中国水利水电出版社社长汤鑫华、清华大学教授金峰、上海勘测设计研究院有限公司总工程师陆忠民、澳大利亚昆士兰大学地球与环境科学学院副教授尉永平、国际大坝委员会副主席迈克尔·罗杰斯等专家分别做专题报告，围绕我国水库大坝建设和水利水电发展的新形势，结合当前水库大坝公众认知的现状和存在的问题，分析建设运营水库大坝的必要性，引导社会大众走出误区，正确全面地认知水库大坝。

论坛举行期间，许多专家学者、媒体记者，以及在校大学生来到现场，聆听专家报告，并就相关问题进行深入交流。

（摘编自《中国三峡工程报》2017年11月28日）

中国大坝工程学会水库大坝公众认知论坛在郑州举行

李银鸽 ▬▬▬▬▬▬

2018年10月15日，中国大坝工程学会水库大坝公众认知论坛在河南郑州举行。国际水电协会副主席，中国大坝工程学会副理事长，三峡集团党组副书记、副总经理林初学和来自政府部门、高校、行业和媒体的共30余名代表出席了会议。

本次论坛以"水库大坝和人水和谐"为主题，论坛上，西班牙皇家工程院院士、国际大坝委员会荣誉主席路易斯·贝尔加作了题为《储水设施在全球水和能源形势变化下的作用》的演讲；黄河流域水资源保护局局长张柏山，以"推动生态调度，维护河流功能"为主线，介绍了近年来黄河在生态文明建设方面的探索与实践；河海大学公共管理学院院长施国庆教授重点就水电可持续发展和公众认知等内容，作了交流发言；中国水力发电学会副秘书长张博庭，从多个角度介绍了水库大坝水电站在当前生态文明建设中的重要巨大作用；河南省防办督察专员冯林松以《大坝生态建设与运用探索》为题，介绍了河南省水库大坝生态建设运用的实践经验；黄河勘测规划设计有限公司生态院副院长蔡明的讲演内容，则主要围绕如何"加强库区生态建设，构建大坝宣传平台"来展开。三峡巴西公司总经理李银生向与会代表们介绍了三峡团队在巴西开展水库大坝公众沟通，维护公共关系，维护企业品牌的经验。

据了解，一年一度的水库大坝公众认知论坛，是中国大坝学会水库大坝公众认知专委会的年度重点工作，迄今已连续举办三届。论坛旨在以科学严谨的态度，从多个角度展开探讨和解答，廓清我国公众对水电开发存在的认知误区，引导公众正确认知水库大坝的作用与作为。去年论坛在长沙举办，邀请到国际大坝委员会副主席迈克尔·罗杰斯等嘉宾演讲，得到了数十家主流媒体的重点报道和转载，为帮助社会公众了解水库大坝，最大限度地发挥好水库大坝对人类社会的积极作用作出了重要的贡献。

本次论坛由中国大坝学会水库大坝公众认知专委会主任委员、三峡集团宣传与品牌部主任杨骏主持。《中国三峡》杂志的"中国大坝行"专题采访活动在论坛上宣布启动。

（摘编自《中国水利报》2018 年 10 月 18 日，作者：李银鸽）

"中国工程院院士三峡行"活动
在宜昌举办

综 合 ━━━━

2018年5月9日至12日,"中国工程院院士三峡行"活动在湖北宜昌三峡坝区成功举办,中国工程院副院长赵宪庚、工程管理学部主任孙永福等16位院士及20多位专家学者参加了三峡工程管理研讨会和"哲学家与工程师的对话"座谈会等系列活动。本次活动由中国工程院工程管理学部和三峡集团联合举办,中国大坝工程学会水库大坝公众认知专委会相关人员参与了此次活动的组织策划。

活动期间,院士专家们参观了三峡工程展览馆,实地考察了三峡升船机、三峡船闸、三峡电厂机组、三峡水库运行等情况,并考察了长江珍稀植物研究所、中华鲟研究所、葛洲坝防淤堤,了解长江珍稀植物、中华鲟保护、葛洲坝枢纽运行等情况。其间,院士们还在三峡"院士林"挥锹铲土,植下富有纪念意义的红豆杉。

2018年5月10日至11日举行的三峡工程管理研讨会,旨在深入贯彻落实习近平新时代中国特色社会主义思想,特别是习近平总书记考察三峡工程重要讲话精神,研讨三峡工程运行管理的模式方法及其对长江大保护和长江经济带发展的促进作用。会议由孙永福院士主持,赵宪庚、沙先华分别致辞。会上,三峡集团总经理、党组副书记王琳表示,希望深化与中国工程院的合作,把院士专家的智力优势转化为三峡集团的发展优势,支持三峡集团的各项工作，为实现新三峡梦、中国梦保驾护航。赵宪庚说，三峡工程已成为服务长江经济带高质量发展的坚强支撑，是全面建成小康社会的基础性工程，是中华民族伟大复兴的标志性工程。三峡工程是国之重器，管理好、运行好，是对国家对人民的责任担当。樊启祥、张曙光、林初学三位教授级高工依次作了《大型水电工程建设管理实践》《三峡水利枢纽运行管理实践》《三峡工程生态环境保护》的专题报告。

2018年5月11日下午，"哲学家与工程师的对话"座谈会在三峡集团举办。中国工程院院士殷瑞钰、中国科学院大学教授李伯聪分别作《工程哲学对重大工程的作用与意义》和《我造物故我在》的主旨演讲。陆佑楣院士参加对话座谈会。会议由三峡集团党组副书记、副总经理林初学主持。

三峡集团党组成员、副总经理沙先华出席相关活动。新华社、《经济日报》《科技日报》《瞭望》《中国经济周刊》等媒体代表参加了活动。

（摘编自2018年第4期中国大坝工程学会水库大坝公众认知专委会工作简报）

"知名学者看三峡"活动成功举行

综 合

2017 年 11 月, "知名学者看三峡"活动在三峡坝区成功举行。福建省政协副主席、福建社会科学院院长、福建省文联主席张帆, 福建省作家协会副主席、福州市文联副主席、《中篇小说选刊》杂志社社长林那北, 中国作家协会主席团委员、福建省文联副主席、著名诗人舒婷, 厦门城市学院人文与艺术系教授、北京大学中国诗歌研究院首届研究员陈仲义等知名学者一行受邀到三峡工程进行实地考察、交流。

中国工程院院士郑守仁, 中国大坝工程学会副理事长、秘书长贾金生, 三峡集团宣传与品牌部主任、水库大坝公众认知专委会主任委员杨骏, 湖北省政协人资环委副主任李亚隆, 宜昌市作家协会副主席韩永强等参加活动。

该活动由中国大坝工程学会和三峡集团联合策划主办, 水库大坝公众认知专委会承办。活动旨在通过邀请知名学者实地考察和学术研讨, 从文学、哲学、社会学等多种角度宣传水库大坝对于现代社会的重要作用, 提升认知与认同水平, 营造全社会了解、理解、支持水利水电建设开发的良好氛围。

在三峡, 知名学者一行实地参观考察三峡工程展览馆、三峡大坝坝顶、双线五级船闸、左岸电站厂房、坛子岭等区域, 专程参观中华鲟研究所、长江珍稀植物研究所、黄陵庙、屈原祠、西陵峡等, 从工程建设、人文角度对三峡工程进行了详细了解。

座谈会上，专家学者们围绕工程文化、三峡文化、水文化等进行了充分讨论，就三峡工程综合效益认知、三峡区域文化深度解读等进行了深入交流。专家学者表示：三峡工程综合效益巨大，是中华民族伟大复兴的标志性工程；三峡区域文化源远流长、内涵丰富，三峡工程建设丰富和发展了三峡区域文化的时代内涵；解读三峡工程，不仅仅是工程技术的解读，更应从文化解读和挖掘，这种文化解读涵盖政治学、经济学、社会学、哲学等多方面；回应社会对三峡工程的关切，应从更高层面、更广视野、更深层次对三峡工程、三峡文化进行再认识再解读再提炼；要构建宏观叙述与微观叙述相结合的叙事方式，加强公众对水利工程、科学技术、水文化的深层认知。

（摘编自 2018 年第 2 期中国大坝工程学会水库大坝公众认知专委会工作简报）

专访三国大坝委员会主席　共论大坝社会认知

张志会 ▬▬▬

　　2018 年 10 月，中国大坝工程学会 2018 学术年会暨第十届中、日、韩坝工学术交流会在河南郑州召开期间，中国大坝工程学会水库大坝公众认知专委会对国际大坝委员会欧洲区副主席兼法国大坝委员会主席 Michel Lino、日本大坝委员会主席 Joji Yanagawa 及韩国大坝委员会副主席 Bong-jae Kim 进行专访，了解三国水库大坝建设的近况，以及各自在推动大坝公众认知领域的经验。

　　法国、日本和韩国三国已完成工业化。现在三国可开发的坝址已基本开发完毕，大坝工程建设缓慢，水能资源在各国占比中也相对较小，现在公众认知问题成为三国大坝建设和运营管理必须应对的一个重要问题。目前主要集中于对现有大坝进行升级改造，仅新修少量抽水蓄能电站。但 50 年前，他们也曾经历过如火如荼的大坝建设阶段。前车之鉴，后事之师，上述三国在改善大坝的社会认知方面积累的丰富经验值得我国借鉴。

　　（摘编自《中国三峡》杂志 2019 年第 2 期，作者：张志会）

中国大坝工程学会 2019 学术年会暨第八届碾压混凝土坝国际研讨会在昆明召开

综　合　▰▰▰▰

2019 年 11 月 11 日至 12 日，中国大坝工程学会 2019 学术年会暨第八届碾压混凝土坝国际研讨会在云南昆明隆重召开。来自 30 个国家和地区的 850 多名专家、学者参加会议。大会开幕式嘉宾致辞由中国大坝工程学会副理事长兼秘书长、国际大坝委员会荣誉主席贾金生主持，颁奖典礼由中国水利水电科学研究院院长、中国大坝工程学会副理事长匡尚富主持。水利部总工程师刘伟平，国家能源局总经济师郭智，国际大坝委员会主席迈克尔·罗杰斯，西班牙大坝委员会代表 Enrique Cifres，华能澜沧江水电股份有限公司党委副书记、总经理孙卫及中国大坝工程学会理事长矫勇分别为大会致辞。

开幕式揭晓了水库大坝国际里程碑工程奖、国际杰出大坝工程师奖、促进水库大坝发展荣誉奖、学会科学技术奖（科技进步奖、技术发明奖）、汪闻韶优秀论文奖及 2019 学术年会优秀论文奖评选结果。

另外，大会期间设有 4 个技术分会和 7 个专题研讨。分别为："第八届碾压混凝土坝国际研讨会""水库大坝与水电可持续发展及能力建设圆桌论坛"及"水库大坝建设与管理技术进展"等。其中，专门设置了科学技术创新和奖励交流会议，探讨科技创新和成果凝练的经验。

更值得注意的是，开幕式揭晓的国际杰出大坝工程师奖由中国大坝工程学会联合西班牙大坝委员会、巴西大坝委员会于 2018 年发起设立，授予为世界水库在大坝设计、施工、咨询、科学研究和管理方面作出突出贡献的大坝工程师。中国大坝工程学会秘书处为国际杰出大坝工程师奖评选工作的办事机构，承担评审的标准制定、邀请推荐、形式审查、组织评审等。

除此之外，大会期间召开的"水库大坝青年论坛"，特别邀请中国工程院院士陈厚群，给各位青年科技工作者分享自己的科研人生。

本次会议结合新时代水库大坝建设和水利水电发展需求，以及行业普遍关注的碾压混凝土坝技术进展、水库大坝工程建设及管理技术现代化、水库大坝与生态保护、调水工程建设技术等议题，邀请国内外院士、著名专家学者作主题报告和安排专题分会研讨，阐述新观点、新动态、新方向、新技术。

会前，部分参会外宾已经进行了绿塘、石坝河、两赶、西江等水库工程技术调研。会后，部分参会的国内外专家将分别赴黄登、糯扎渡、景洪、龙开口、鲁地拉、乌东德、白鹤滩等水电站进行工程技术调研。

会议共征集中外论文 220 篇，正式出版论文集收录 117 篇，为会议提供了丰富的交流内容。会议期间，共邀请了 21 家单位参加会间技术展览。

此次会议由华能澜沧江水电股份有限公司、中国电建集团昆明勘测设计研究院有限公司、中国水利水电第十四工程局有限公司、中国水利水电科学研究院联合承办；云南省水利厅、云南省能源局等单位协办支持。

本次会议的国内外专家就碾压混凝土坝材料和配合比、规划和设计、施工和质量控制、性能和监控，胶结坝的设计、施工与性能，碾压混凝土坝修复与旧坝加固技术，碾压混凝土和胶结材料在大坝建设及水工结构的其他应用等相关筑坝经验和技术创新进展进行研讨。会议的召开对推动碾压混凝土坝在世界各国的应用及其技术的进步发挥了重要作用。

（摘编自人民网 2019 年 11 月 20 日）

第四届中国大坝工程学会水库大坝
与公众认知论坛在昆明举行

吕　畅　高锦涛

2019 年 11 月 11 日，第四届中国大坝工程学会水库大坝公众认知论坛在云南昆明举行。水利部原副部长、党组副书记、中国大坝工程学会理事长矫勇，著名水工结构专家、中国工程院院士陈厚群出席论坛，来自政府部门、企业、高校和媒体等 50 多名中外代表参加会议。本次论坛以"更好的大坝，造福更好的世界"为主题，由中国大坝工程学会水库大坝公众认知专委会主办。专委会主任委员、三峡集团副总经济师杨骏主持论坛并向与会委员、参会嘉宾介绍委员会成立四年以来的工作情况和下一步工作计划。与会中外专家从不同角度发表演讲，为进一步提高社会公众对水库大坝的科学认知建言献策。

水利部三峡工程管理司一级巡视员、专委会副主任委员张云昌以"国之重器　三峡工程"为题，介绍了三峡工程发挥的综合社会效益，分享了对提升公众对水库大坝认知度的思考。

《水电与大坝》期刊主编、国际大坝委员会公众认知专委会委员艾莉森·巴托（Alison Bartle）通过分析过去 20 年公众认知的变化，介绍了国际大坝的公众认知经验，并建议企业在与公众沟通的过程中应采取更加平衡的观点，并通过成功案例向公众展示企业在水电开发过程中保护环境，特别是保护生物多样性、鱼类增殖放流等方面的作为。

老挝能源矿产部能源政策规划司司长占沙温·本农详细介绍了老挝政府未来电力供应计划，以及水电开发对老挝经济社会可持续发展的重要性。

清华大学土木水利学院教授、专委会副主任委员金峰，重点介绍了世界坝工技术的发展历程，阐述了大坝作为基础设施对社会发展的重要意义。

华能澜沧江水电股份有限公司副总工程师郭朝晖介绍了澜沧江水电开发对云南经济社会发展的推动作用。

《中国三峡》杂志"中国大坝行"系列报道负责人、专委会委员谢泽总结了过去一年"中国大坝行"工作开展情况，表示将开展更加丰富的"中国大坝行"活动，增进社会各界对水库大坝的了解。

年会举办期间，邀请了老挝能源矿产部部长坎玛尼·因提拉参会，并与水利部原副部长、党组副书记、中国大坝工程学会理事长矫勇和国际大坝学会迈克尔·罗杰斯会谈，就加强中老两国能源合作、推动老挝加入国际大坝学会等议题交换了意见。

（摘编自《中国三峡》杂志 2020 年第 2 期，2019 年中国大坝工程学会水库大坝公众认知专委会工作简报，作者：吕畅、高锦涛）

中国大坝工程学会 2023 学术年会在贵阳召开 水利部副部长刘伟平出席

何 亮 ▬▬▬▬▬

2023 年 4 月 27 日至 28 日，中国大坝工程学会 2023 学术年会在贵阳召开。会议以"统筹发展与安全　谱写坝工新篇章"为主题，院士、专家、学者共计 1000 余人参加。水利部副部长刘伟平、中国大坝工程学会理事长矫勇出席会议并讲话。

刘伟平在讲话中指出，水库大坝是流域防洪工程体系的重要组成部分，是国家水网重要结点，是保障国家水安全的"重器"，在防御水旱灾害、优化配置水资源、复苏河湖生态环境、提供清洁能源等方面发挥着不可替代的重要作用。新时代新征程，坝工领域要坚持安全、绿色、创新发展，着力推动坝工事业高质量发展。

刘伟平表示，面对新形势、新要求，坝工领域要强化科技创新，加大新结构、新材料、新工艺、新方法研究，特别是加强胶结坝等新型筑坝技术的深化研究和推广应用；要加强病险水库除险加固、保障大坝安全的科技支撑；要推进数字孪生水库大坝工程建设，提升水库大坝数字化、网络化、智能化水平，加快构建现代化水库管理矩阵。

就科技创新要结合国家重大需求这一命题，矫勇在讲话中表示，中国大坝工程学会应当尽心尽力服务国家重大战略。他介绍，在构建国家水网中，水库大坝是重要结点，我国在河流上建有 97000 多座水库，位居世界第一，许多江河控制性枢纽工程和巨型水电站对江河水系和经济社会系统牵一发而动全身。中国大坝工程学会要从构建国家水网结点的角度对水库大坝再研究，为国家水网建设提供科技支撑和服务。

2022 年，中国大坝工程学会组织部分院士和专家学者开展了"双碳"目标下大力推进水风光储一体化发展的专题调研，提出了对策和建议，调研报告已经提交给相关部门。矫勇介绍，在实践中，中国大坝工程学会的一些会员单位已经开展了水风光储一体化发展的成功探索，希望通过科技创新和开发方式创新，使水库大坝更好地为"双碳"目标服务。

会上，与会专家围绕水利水电建设中的生态环境保护、水库大坝建设运行与安全管控、抽水蓄能电站与水风光储多能互补技术等行业普遍关注的热点议题开展交流与研讨，颁发了中国大坝工程学会科技进步奖和技术发明奖、第四届大坝杰出工程师奖，宣布了 2023 学术年会优秀论文奖评选结果，发布了《智能建造学报》英文期刊。

（原载于《科技日报》2024 年 4 月 28 日，作者：何亮）

越过大坝　看见中国

——中国大坝主题摄影艺术展掠影

马　列

大坝是人类为开发水力资源而建造的大型工程。

站在大坝上，你会感觉自己置身于一座巍峨的古城之中。或笔直或弯曲的大坝，如同一条沉睡的巨龙伸展开来，静静注视着下面的江河。而蓄满水的大坝湖，则犹如一面放射着温暖光芒的大镜子，映照出周围的山谷和林木。

搭船驶向大坝下游，你能够清晰地看到巨大的水流经过闸门冲泄而出，滚滚洪流化作冲击河岸的浪花。这些奔涌的水流一边展示着自己的生命力，一边彰显着大自然的美丽与震撼。

一座座拔地而起的大坝不仅是人类创造力的杰作，更是自然与人类相互合作的产物。它不仅能汇聚丰富的能源，提高当地经济发展水平，还能减轻洪涝灾害的影响。

日前，由中国大坝工程学会和中国三峡集团联合主办的"看见中国·坝光盛影"——中国大坝主题摄影艺术展在贵阳举办，观众可以看到从3500余幅投稿作品中遴选出的120幅优秀作品。展览将这些作品分为"光影大坝""人文大坝""我和我的坝""世界最大清洁能源走廊上的大国重器"四个主题，集中展现了中国坝工事业的壮阔发展历程、治水兴利成就、人水和谐画卷和筑坝人时代风采。

在这些精彩纷呈的影像中，我们见证了人与自然和谐共处的奇迹，也看到了人类在把握资源的同时，开发科技、服务社会的伟大实践。这一座座宏伟的大坝以其壮观的形态改变了我国的经济面貌与人们的生活方式，同时也为中国工程事业和科技创新作出了巨大贡献。通过大坝，中国的大型工程建设实践不仅丰富了中华文明的内涵和外延，同时也为世界文化进程贡献出一份中国智慧与中国方案。

（原载于《光明日报》2023 年 5 月 14 日，作者：马列，文章有删减）

水库大坝助黄河　连续 19 年不断流

苏　南

"中国大坝工程学会 2018 学术年会暨第十届中、日、韩坝工学术交流会" 2018 年 10 月 15 日至 16 日在郑州举行，记者在会上获悉，水库大坝充分发挥调蓄作用，保证了黄河干流连续 19 年不断流，连续 13 年未预警。

据水利部黄河水利委员会主任岳中明介绍，中华人民共和国成立后，伴随现代筑坝技术的发展，黄河流域水库大坝建设进入快速发展时期，干流上相继修建了三门峡、龙羊峡、小浪底等大型水利枢纽工程，在黄土高原地区修建了 5 万多座淤地坝。"正是依靠水库大坝工程，创造了黄河下游伏秋大汛 72 年不决口的历史奇迹，有效减少了入黄泥沙，实现了黄河干流连续 19 年不断流，恢复了黄河的生命健康，开创了开发与保护并重的新局面。"

河南省是我国唯一地跨长江、淮河、黄河、海河四大流域的省份，纵横分布的河流带来了舟楫之便、灌溉之利。同时由于水资源时空分布不均，河南省具有长旱骤涝、旱涝交错、旱灾范围广、洪涝灾害重等显著特点。而河南省的大川小河，能够长久安澜，得益于水库的调蓄作用。数据显示，截至 2017 年年底，河南省共有大、中、小型水库 2655 座，总库容 425 亿立方米；修建 5 级及以上堤防 1.9 万公里，建成蓄滞洪区 14 处，设计滞洪总量 37 亿立方米。目前，河南省境内"一纵三横、南北调配、东西互济"的"中原水网"已初具规模。

岳中明表示，坝库工程不仅确保了黄河岁岁安澜，造就了高峡平湖的美景，在调控水沙、修复流域生态方面发挥了重要作用，更为两岸人民提供了源源不断的清洁能源和可调控的水资源。"未来将有古贤等一批大型水库大坝和南水北调西线等跨流域调水工程需要建设。"

黄河流域水资源保护局局长张柏山在中国大坝工程学会水库大坝公众认知论坛上表示，黄河流域生态系统在我国生态安全战略格局中居于重要位置。20世纪70年代之后，黄河曾22次断流，引发社会各界对黄河健康的极大担忧。自1999年实施水量统一调度以来，确保了黄河不断流、城乡生活用水和农业关键期用水，水力发电运行良好，更实现了"黄河干流连续19年不断流，连续13年未预警"，产生了显著的社会、经济和生态效益。

记者了解到，除了通过黄河水量统一调度和科学管理外，黄河干流连续19年不断流还与开展水库大坝安全监测分析密不可分。

"河南对全省22座大型水库定期上报的安全监测数据，组织专家定时分析，发现异常问题及时向水库管理单位反馈，并要求迅速查明原因。"河南省防汛抗旱指挥部办公室督查专员冯林松在中国大坝工程学会水库大坝公众认知论坛上表示。

（摘编自《中国三峡工程报》2018年11月10日第3版，作者：苏南）

《中国三峡工程报》相关报道截图

科学的大坝工程是生态综合体

宋明霞 ▬▬▬▬

科学的大坝工程本身就是"绿水青山"和"金山银山"兼得的生态综合体，科学的大坝建设不仅不会破坏生态，而且还是当前人类社会最重要、最紧迫的生态文明建设。

2018年10月15日，中国大坝工程学会第三届水库大坝公众认知论坛在郑州举行。论坛由中国大坝工程学会水库大坝公众认知专委会主任委员、三峡集团宣传与品牌部主任杨骏主持。以科学严谨的态度，从多个角度展开探讨，引导公众正确认知水库大坝的作用，40余名来自部委、高校、行业和媒体的代表参加论坛。

生态修复，水库大坝成风景

"水库大坝建设要把生态放在第一位，按照生态水利的思路规划、建设。建设阶段实现开发的同时保护江河生态系统，进行生态化建设、移民和物种保护；运行阶段提升库区周边生态环境的质量和稳定性，构建美好江河生态廊道，促进人与自然和谐相处。"黄河勘测规划设计有限公司生态院副院长蔡明在论坛上介绍了两个典型案例。

小浪底坝体生态修复工程系列图片吸引人们眼球。在250米高程平台坝体上种植色叶花灌木，通过不同植物叶、花的色彩差异，组成一幅生动逼真的大坝微缩图。在155米、206米、216米三个高程平台建设果树种植区，把生境修复、生态体验、产业发展和观光旅游相结合。对翠绿湖实施生态保护措施，凭借自然景观资源优势，融入现代景观元素，建设休闲、娱乐、度假功能于一体的翠绿湖生态保护区。小浪底工程因生态修复而成为风景胜地。

"戴村坝被中国大运河申遗考察组称为'中国古代第一坝'，凝聚着古代劳动人民无数的血汗与智慧，"蔡明介绍，"而戴村坝现代水生态改造工程将游览参观、工程文化、技术文化、生态文化展示相结合，让游人在感受自然风光的同时，深刻感受古代文化遗产瑰宝的魅力和现代生态文化的智慧，让古代水生态文明和现代水生态文明在此拥抱。"

拆坝是个伪命题

"拆坝是个伪命题！"中国水力发电工程学会副秘书长张博庭在论坛上发表演讲。真实的情况是美国拆掉的水坝都是已经丧失功能的小水坝。美国垦务局局长在公开回答有关拆坝的提问时说：美国拆掉的都是废弃、退役的水坝，有用的大坝一座都没拆过，而且也不会拆，即便出了问题，也是修而不是拆。

张博庭认为，所谓生态文明，就是生态系统的绿色发展，水库大坝的水资源调控功能，就是水库大坝的生态文明作用。任何人类文明活动都会对生态系统产生一些影响，水库大坝建设满足了人类文明发展对水资源的最基本需求，很多水库大坝建成后形成了水利风景区，因此水库大坝改善生态环境的影响和效果是好的，而不是个别人认知的水库大坝对生态环境只有破坏作用。

国际工程构建人文生态

"三峡集团进入巴西市场之前，中国和巴西彼此的认知度都很低。虽然两国在电力行业有交流，但缺乏深入沟通。"三峡巴西公司总经理李银生在论坛演讲。

三峡巴西公司 2013 年进入巴西市场，经过五年的努力，已成为巴西市场的引领者之一，这都得益于三峡巴西公司从进入巴西的第一天，就建立了品牌建设和声誉管理模型，开启了人文生态建设之旅。

为此，三峡巴西公司从三方面着力。第一，构建以"为人类提供清洁能源，与地球和谐共处"为使命，以"成为巴西一流的清洁能源公司"为愿景的企业文化，强调安全、尊重、诚信、快乐、奉献、简单、卓越的价值观。第二，全面梳理利益相关方，确定沟通战略，与利益相关方建立良好关系，与巴西的政府、非政府组织、行业协会、智库、媒体都建立了长期战略合作关系。第三，深入贯彻可持续发展的理念，将其贯穿在整个生产经营活动，渗透到每一个角落，影响了每一位员工。

李银生认为，三峡巴西公司严格遵守这样的公司定位：首先是一个公司，其次是一个巴西公司，然后是一个三峡集团的公司，最后是一个中国的企业。第一个定位，因为公司是超越国籍、超越行业的；第二个定位，因为公司在巴西注册，要遵守巴西的法律、承担巴西法律框架下的所有责任；第三个定位，因为三峡集团提供了战略指引、行事准则和资源动力；最后的定位最重要，也是核心定位，是企业文化的源泉，更是企业的根和魂。

（摘编自《中国三峡工程报》2018 年 11 月 10 日第 3 版，作者：宋明霞）

900名专家在湖北宜昌共话"国家水网之结"

秦明硕

2024年9月24日至25日，以"建造安全韧性绿色的国家水网之结"为主题的中国大坝工程学会2024学术年会暨第五届大坝安全国际研讨会在湖北宜昌举办。来自中国、巴西、西班牙、美国、印度尼西亚、乌干达、赞比亚、埃塞俄比亚等20多个国家和地区的近900名专家与工程技术人员参加会议。

中国大坝工程学会理事长矫勇表示，中国大坝工程学会作为大坝工程科技学术团体，要认准水库大坝作为"国家水网之结"在构建国家水网中的枢纽定位，深入研究与水库大坝安全相关的重要课题，要从水库大坝在极端环境条件下的安全与韧性的角度出发，做好三方面工作：一是理念上把大坝安全真正放在前期论证、工程建设和运行调度全过程的核心地位；二是通过科技创新提高水库大坝的安全性和韧性；三是深入研究极端环境条件下的大坝安全风险及其防范措施。

与会院士和专家围绕数字赋能水库大坝的安全建设与管理、水库大坝的长期安全性和韧性提升技术、极端条件下的水库大坝和流域安全防控、水库大坝与区域经济社会绿色可持续发展等行业普遍关注的热点议题展开研讨，共同为建造安全韧性绿色的"国家水网之结"献计献策。国际大坝委员会副主席、美国大坝委员会原副主席迪恩·杜基（Dean Durkee），西班牙大坝委员会主席卡洛斯·尼诺特（Carlos Ninot），印度尼西亚大坝委员会副主席阿里斯·菲儿曼（Aries Firman），韩国水资源公社首席研究员金泰敏（Tae Min KIM）等国际专家学者作主题报告。

　　会议设有"安全韧性绿色大坝工程的创新建造技术"学术研讨会、第17届水电可持续发展国际圆桌会议、水库大坝青年学术交流会等13场专题分会。会上还颁发了2023年度中国大坝工程学会科技进步奖，宣布了本届学术年会优秀论文，举行了水库大坝科技创新基金设立及捐赠仪式。

　　此次大会由中国大坝工程学会、巴西大坝委员会、西班牙大坝委员会、美国大坝委员会等单位主办，水利部长江水利委员会、中国长江三峡集团有限公司、宜昌市人民政府、三峡大学等单位承办。

（原载于中央广电总台国际在线 2024 年 9 月 26 日，作者：秦明硕）

国内外近 900 名专家和工程技术人员现场参会　摄影 / 黎明

如何增进公众对水库大坝的科学认知

——中国大坝工程学会在宜昌举行水库大坝公众认知论坛

刘 坤

中国日报网截图

2024 年 9 月 25 日，中国大坝工程学会水库大坝公众认知论坛在湖北省宜昌市举行，来自水利水电行业主管部门、高校、科研院所、企事业单位等 40 余名代表委员参加会议，就如何增强社会公众对水库大坝的科学认知进行深入讨论。

截至 2024 年 7 月，我国风电、光伏装机规模合计达到 12.06 亿千瓦，提前 6 年完成《"十四五"可再生能源发展规划》提出的目标。水电水利规划设计总院副总工程师常作维表示，水电的功能定位正逐步从提供电量为主，兼顾调峰及容量作用，转变为向系统提供容量、满足电力系统调峰调频需求为主，支持风电、光伏等新能源消纳。

中国外文局美洲传播中心主任李雅芳表示，当前中国可持续发展理念在国际社会的话语权争夺依然激烈，媒体应紧扣传播规律和公众关切，向国际社会展示中国水利水电事业发展成果和中国可持续发展的故事。

河海大学公共管理学院副院长陈莉从信息传播学的视角提出，水库大坝公共认知硬工程 + 软传播，决定着大坝事业高质量发展，应以公众视角为出发点，不断提高公众对水库大坝的认知度，实现工程和社会良性互动。

70 多年来，中国筑坝技术经历了从探索、跟跑、并跑，再到引领世界的过程，目前处于领跑世界筑坝技术的先进水平。目前全球已建的 127 台 70 万千瓦以上的水轮发电机组中，三峡集团拥有 86 台，这标志着我国水电装备制造业水平迈上了新的台阶。

三峡集团原白鹤滩工程建设部主任汪志林介绍，要将水库大坝建设的重要性、意义、成就等更多信息客观真实告知公众，增强其对中国经济安全绿色高质量发展的认知度。

中国大坝工程学会水库大坝公众认知专委会自 2017 年成立以来，连续举办了四届公众认知学术论坛，将行业内的专业议题打造成社会热点话题，为专家学者和媒体记者搭建专门的公众沟通平台，进一步增强社会公众对水库大坝的科学认知，营造水利水电行业良好的舆论氛围和社会环境。

本届论坛以"水库大坝与区域经济社会绿色可持续发展"为主题，共话水库大坝新趋势、新观点和公共传播，增进公众科学认知、推动水电健康发展。

论坛期间，专委会完成新一届委员换届，专委会历年成果汇编《认识更好的大坝　看见更好的世界》同期与公众面世。

（原载于中国日报网 2024 年 9 月 27 日，作者：刘坤）

水库大坝如何实现既安全又提效增寿

苏　南

《中国能源报》报道截图

100 米以上高坝大库占我国大坝总数仅为 0.2%，但库容却达 5000 多亿立方米，占我国大坝总库容约一半，凸显出高坝大库在保障流域水安全、支撑国家水网建设和新能源系统战略基础设施中的重要地位。

大型水利枢纽提能增效研究必要且迫切，有助于进一步提升我国水利基础设施的效能，也是实现水资源可持续利用和保障国家水安全的重要途径。

"当水库大坝被赋予'国家水网之结'的新定位时，应从国家水网的整体性、系统性出发，从国家水网在经济社会发展的全局战略地位出发，研究和评估水库大坝安全风险。"中国大坝工程学会理事长矫勇在近日召开的"中国大坝工程学会 2024 学术年会暨第五届大坝安全国际研讨会"上指出，当下不仅要研究传统意义上的大坝安全风险，更要研究极端复杂环境条件给大坝安全带来的挑战。

在业内看来，除了研究地质与水文条件、结构与材料缺陷、设计与施工失误、管理不善等影响水库大坝安全的传统因素，下一步更要研究大型水利枢纽如何提能增效，水库大坝如何延年增寿。

"水库大坝安全　怎么强调都不过分"

随着时代发展，水库大坝不断被赋予新内涵。

作为"国家水网之结"，水库大坝承接江河上下游、辐射左右岸，其中的江河控制性枢纽工程和大型水电站对经济社会发展全局至关重要。长江三峡、黄河小浪底、西江大藤峡等一大批江河重要控制性枢纽工程，因涉及人口之多和经济之重，大坝安全直接关系上下游人民群众生命安全、经济安全和社会稳定。

"水库大坝安全怎么强调都不过分。"矫勇告诉《中国能源报》记者，历史上水库大坝溃坝事故的发生，往往是对水库大坝建设规律认知不足所致。根据水利部组织的国际上 2000 多座水库溃坝原因分析，对洪水预测不足导致的漫顶溃坝事件占 42.7%。国际大坝委员会的统计数据显示，对地质条件复杂程度认知不足，以及相应的结构荷载考虑不当导致的溃坝事件占 27%。"对自然界规律认识不足，勘测设计、建设质量监控，以及运行管理中的失误，往往是既往溃坝灾难的重要原因。"

矫勇认为，当前水库大坝面临的极端风险挑战主要来自极端气象事件增多对大坝安全带来的风险、堰塞湖溃坝对江河梯级水电站的安全风险、战争对水库大坝造成的安全风险等三个方面。以堰塞湖溃坝为例，我国西部大部分大江大河干支流梯级开发已成规模，水电站几乎首尾相连。"恰好这一地区是我国地震高发频发区，加之河段多位于高山峡谷之中，不稳定岸坡多，因地质灾害形成堰塞湖的情况时有发生。"

"我国水库大坝数量多、高坝多、分布广，流域梯级开发的水库水电站群，一座水库问题可能产生多米诺骨牌效应。"矫勇提醒，"许多水库大坝位于城市上游，城市头顶'一盆水'的情况非常普遍，大坝安全对经济社会的安定和谐至关重要。"

大坝安全研究　向综合集成方向发展

在极端环境条件下，如何保障水库大坝的安全与韧性？

矫勇认为，首先，要在理念上把大坝安全放在前期论证、工程建设和运行调度全过程的核心地位，把安全第一落实到坝址选择、坝型确定、结构设计、材料选用、施工质量控制、运行调度、应急处置等全方位和全过程；其次，通过科技创新提高水库大坝的安全性和韧性，可运用新坝型、新方法、新工艺、新技术，解决点多面广量大的中小水库老旧坝加固改造、提升恶劣建设环境下高坝建设的安全质量；再次，要深入研究极端环境条件下的大坝安全风险及其防范措施，尤其是极端气象事件、梯级开发江河上的堰塞湖溃坝，以及水库大坝受到攻击，这三类比较典型的极端环境条件，给水库大坝带来溃坝风险，应重点研究防范。

中国工程院院士周创兵也认为，复杂和极端条件下服役的水库大坝性能和安全问题至关重要。"水利水电工程与其他工程领域一样，研究方法经历了从实验、理论、模拟到数据研究的演变。显然，单一的研究范式无法解决所有问题。面对不确定性、时空变异性、隐蔽性等复杂问题，需要探索新的研究范式。目前，库坝安全研究正朝着宏观与微观相结合、交叉学科综合集成的方向发展。"

值得注意的是，在研究时间尺度问题上，水库大坝实验室内的短期实验与实际百年甚至千年服役的需求之间存在巨大差距。"因此，我们需要采用多尺度研究方法。"周创兵表示，例如可利用超重力技术来研究长时间尺度的问题，运用可视化研究渗流侵蚀问题。

大型水利枢纽 提能增效尤为迫切

在"国家水网之结"新定位下，我国既要关注水库大坝安全，也需要关注水利枢纽提能增效的研究。从规模上看，100米以上高坝大库占我国大坝总数仅为0.2%，但库容却达5000多亿立方米，占我国大坝总库容约一半，凸显出高坝大库在保障流域水安全、支撑国家水网建设和新能源系统战略基础设施中的重要地位。

"对大型水利枢纽提能增效的研究不仅必要，而且迫切。这不仅有助于进一步提升我国水利基础设施的效能，也是实现水资源可持续利用和保障国家水安全的重要途径。"中国工程院院士钮新强表示，当前大坝使用年限普遍较短，混凝土结构的耐久性问题尤为突出，此外工程建造质量等因素也给大坝长期运行带来影响。

随着时代变迁，传统的水库调度方法已难以满足新时代的需求，尤其是在水库群实时调度和水工程联合调度方面，发展要求日益提高。"当前，探索如何通过调度理论的创新和调度技术的提升，增强水库的综合效益，已成为水资源管理领域的一个关键研究方向。"钮新强表示，我国部分高坝大库具备一定扩容潜力，一些水库在设计规划阶段已预留扩展空间，为未来发展提供可能。"为实现水库增效目标，可以通过实施必要的工程措施，例如大坝加高，进一步增加大型水库的库容，这样不仅能提高水库的蓄水能力，还能在保障水安全、促进水资源合理利用等方面发挥更大作用。"

钮新强还指出，通过结构材料优化、建造技术提升和长久运维保护，能够实现大坝混凝土正常服役年限大幅度提升，将水库大坝使用年限从目前的 150 年提升至 200 年。

（原载于《中国能源报》2024 年 10 月 14 日，作者：苏南）

工程创新助力保障大坝安全

马孝文

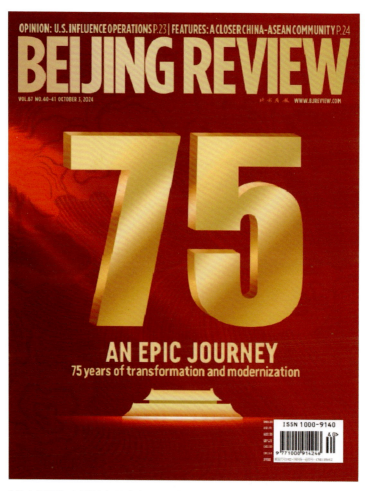

《北京周报》庆祝新中国成立 75 周年专刊报道大坝安全国际研讨会

《北京周报》报道截图

编者按

2024 年 9 月 24 日至 25 日，中国大坝工程学会 2024 学术年会暨第五届大坝安全国际研讨会在湖北宜昌举行。本次会议以"建造安全韧性绿色的国家水网之结"为主题，重点围绕数字赋能水库大坝的安全建设与管理、水库大坝的长期安全性和韧性提升技术、极端条件下的水库大坝和流域安全防控、水库大坝与区域经济社会绿色可持续发展等热点议题展开交流与研讨。

作为创刊于 1958 年、我国唯一的国家级英文新闻周刊，中国外文局旗下《北京周报》（Beijing Review）记者对大会做现场报道，并作为特稿入选该杂志新中国成立 75 周年专刊。以下为报道的中文翻译内容——

今年，中国大坝工程学会（中国水电行业的国内外交流平台）学术年会暨第五届大坝安全国际研讨会合并召开，吸引了来自巴西、西班牙、美国、印度尼西亚、赞比亚和埃塞俄比亚等 20 多个国家和地区的 900 多名专家与工程师。

本次会议以"建造安全韧性绿色的国家水网之结"为主题，于 2024 年 9 月 24 日至 25 日举行。会议的举办地宜昌是世界上最大的水坝工程——三峡大坝的所在地。

大型水坝的安全是此次会议的主要话题之一。中国大坝工程学会理事长矫勇在 9 月 24 日开幕式上表示，"要为国家水网建设安全、有韧性和绿色的大坝，除了传统的安全问题外，我们还需要研究极端复杂环境条件给水坝带来的潜在风险"。

在开幕式上的主旨演讲中，矫勇详细阐述了"极端复杂环境"的概念。他指出，气候变化导致极端天气越来越频繁，这给水坝带来了新的风险；堰塞湖对梯级水电站的安全构成了威胁；全球不确定因素增加，带来了潜在的战争风险。

水利部的统计数据显示，截至 2021 年 9 月，中国已建成 98000 多座水库，总库容达 8983 亿立方米。

中国境内有 223 座高度超过 100 米的水坝，23 座高度超过 200 米的超高水坝，以及 10 座高度超过 250 米的超高水坝，分别占全球总数的四分之一、三分之一和一半。这些水坝的蓄水量巨大。中国境内高度超过 100 米的水坝和水库仅占全国水坝水库总数的 0.2%，但其蓄水量超过 5000 亿立方米，占全国总量的一半。

矫勇表示，大坝对河流的上游和下游河岸都有影响，因此大坝安全对于经济和社会的发展有着重要意义。

矫勇呼吁将大坝安全置于规划、建设和运营整个过程中的核心位置，通过科技创新提高水库大坝的安全性和韧性，并深入研究极端环境条件下的水坝安全风险。

矫勇指出："如果将数字技术运用到从现场勘测到设计，以及从施工到运营的整个过程中，大坝工程领域的数据资源就可以被集中并共享，有关大坝安全的大数据智能分析和云计算也能实现。这将为提高大坝的安全性和韧性开辟出一条新的道路。"

除了国内的水坝，中国也在国外运营水坝。三峡集团是全球最大的水电开发企业，在中国和海外运营着 68 座水库大坝。该公司在境外参与了 20 多个国家的水库大坝项目，水电装机容量达 1900 万千瓦。

中国在大坝安全方面有着良好的记录，并在海外项目中贯彻了其大坝安全的高标准。三峡集团所属三峡国际股份有限公司总经理陈辉在会上表示，公司在确保完全遵守巴西当地法律要求的基础上，还建立了包括三峡集团总部和三峡巴西公司相关人员在内的一个分工明确、职责清晰的三级水坝安全管理体系，并实现了所有水坝达到低风险类别标准并处于正常安全水平的目标。

新技术正在被用于提高水坝的韧性和使用寿命，并降低潜在的风险。深圳大学研究员朱松在此次会议上展示了精密测量的新方法及其在水电工程项目中的应用。朱松表示，精密测量可以帮助监测水坝表面，为数字建模和数字化运营与维护的实施提供重要保障。

国际大坝委员会副主席、美国大坝委员会原主席迪恩·杜基（Dean Durkee）受邀在此次会议上介绍美国在相关领域的最新实践。杜基说，美国最古老的水坝已有将近 400 年历史，自其建成以来，全国已建造超过 9 万座水坝，其中许多是在 20 世纪 40 年代至 20 世纪 80 年代之间建造的。正是在这几十年间，美国水坝相关技术得到了发展。

杜基表示，他相信中国正在经历类似的技术发展历程：大量建造水坝，并在其运营过程中积累经验。

水坝和水库有助于保护周边地区免受洪水侵袭，而水坝之间更紧密的协作将使其更加高效地发挥保护作用。

在此次会议上，水利部长江水利委员会水文局预报中心水情二室主任许银山介绍了今年长江流域洪水的监测情况，并对水库在减轻长江流域地区的洪涝灾害中的协同运行效率进行了评估。

水电水利规划设计总院副总工程师常作维在此次会议上反驳了水库是温室气体来源之一的说法。他解释道，水坝的大部分碳足迹是在建造过程中产生的，并且在水坝的寿命期内（通常超过 50 年，有时甚至超过 100 年），其年温室气体排放量非常低。

中国外文局美洲传播中心主任李雅芳介绍了该中心对于中国在可持续发展方面投入的有关报道，并呼吁具有全球影响力的企业与全球读者分享更多可持续发展的故事。

与中国一样，安哥拉对水电有着很高的期望，希望打造一个更加可持续、高效和包容的能源行业来支撑发展，推动经济增长，并吸引大规模投资。

安哥拉国家发电公司首席执行官佩德罗·爱德华多·曼努埃尔·阿方索（Pedro Eduardo Manuel Afonso）在会议上表示，该国期望依靠水电和太阳能来减少火力发电在其能源结构中的比例，并让更多人用上电。

河海大学公共管理学院副院长陈莉提出了关于信息公开、鼓励利益相关者参与水坝整体运营过程等方面的建议。

（原载于《北京周报》2024 年 10 月 14 日，作者：马孝文）

本书编委会

主　编　商　伟　彭宗卫

编　委

王德鸿　唐东军　赵磊磊　谢　泽
任景辉　黎　明　赵沅沣　秦　阳
李时宇　孙春雨

封面图片

马　宁　摄影

本书部分图片来源于"看见中国·坝光盛影"——中国大坝主题摄影艺术展